图 4-158　　　　　　　　图 4-159　　　　　　　　图 5-3　　　　　　　　图 5-22

图 5-56　　　　　　　　图 5-57　　　　　　　　图 5-58

图 6-1　　　　　　　　图 6-97　　　　　　　　图 6-98　　　　　　　　图 6-25

图 7-11　　　　　　　　　　　　　图 7-47　　　　　　　　图 7-62

图 7-95　　　　　　　　图 7-107　　　　　　　　图 7-108　　　　　　　　图 8-1

图 8-35

图 8-47

图 8-72

图 8-73

图 9-5

图 9-34

图 9-35

工业和信息化人才培养规划教材　高职高专计算机系列

3ds Max 2012
室内效果图制作实例教程

（第2版）

3ds Max 2012 Interior Design
Examples Tutorial

黄喜云 周文明 ◎ 主编

郑石郎 王瑞 张国兵 ◎ 副主编

人民邮电出版社

北京

图书在版编目（CIP）数据

3ds Max 2012室内效果图制作实例教程 / 黄喜云，
周文明主编. -- 2版. -- 北京 : 人民邮电出版社，
2013.1
工业和信息化人才培养规划教材. 高职高专计算机系
列
ISBN 978-7-115-29261-2

Ⅰ. ①3… Ⅱ. ①黄… ②周… Ⅲ. ①室内装饰设计－
计算机辅助设计－三维动画软件－高等职业教育－教材
Ⅳ. ①TP238-39

中国版本图书馆CIP数据核字(2012)第286046号

内 容 提 要

本书全面系统地介绍了3ds Max 2012的基本操作方法和动画制作技巧，包括基本知识和基本操作、创建基本几何体、二维图形的创建、三维模型的创建、复合对象的创建、几何体的形体变化、材质和纹理贴图、灯光和摄像机及环境特效的使用、渲染与特效等内容。

本书内容的讲解均以课堂案例为主线，通过各案例的实际操作，学生可以快速熟悉软件功能和动画制作思路。书中的软件功能解析部分使学生能够深入学习软件功能；课堂练习和课后习题，可以拓展学生的实际应用能力，提高学生的软件使用技巧。

本书适合作为高等职业院校数字媒体艺术类专业 3ds Max 课程的教材，也可作为相关人员的参考用书。

工业和信息化人才培养规划教材——高职高专计算机系列

3ds Max 2012 室内效果图制作实例教程（第 2 版）

◆ 主　编　黄喜云　周文明
　　副 主 编　郑石郎　王 瑞　张国兵
　　责任编辑　桑 珊

◆ 人民邮电出版社出版发行　北京市崇文区夕照寺街 14 号
　　邮编　100061　电子邮件　315@ptpress.com.cn
　　网址　http://www.ptpress.com.cn
　　三河市海波印务有限公司印刷

◆ 开本：787×1092　1/16　　　　　彩插：1
　　印张：16.75　　　　　　　　　2013 年 1 月第 2 版
　　字数：418 千字　　　　　　　 2013 年 1 月河北第 1 次印刷

ISBN 978-7-115-29261-2

定价：39.80 元（附光盘）

读者服务热线：(010)67170985　印装质量热线：(010)67129223
反盗版热线：(010)67171154

第 2 版前言

3ds Max 2012 是由 Autodesk 公司开发的三维制作软件。它功能强大、易学易用，深受国内外建筑工程设计和动画制作人员的喜爱，已经成为这些领域最流行的软件之一。目前，我国很多高等职业院校的数字媒体艺术专业，都将 3ds Max 作为一门重要的专业课程。为了帮助高职院校的教师全面、系统地讲授这门课程，使学生能够熟练地使用 3ds Max 来进行动画设计，我们几位长期在高职院校从事 3ds Max 教学的教师和专业动画设计公司经验丰富的设计师合作，共同编写了本书。

我们对本书的编写体系做了精心的设计，按照"课堂案例 – 软件功能解析 – 课堂练习 – 课后习题"这一思路进行编排，力求通过课堂案例演练使学生快速掌握软件功能和动画设计思路；通过软件功能解析，使学生深入学习软件功能和制作特色；通过课堂练习和课后习题，拓展学生的实际应用能力。在内容编写方面，我们力求细致全面、重点突出；在文字叙述方面，我们注意言简意赅、通俗易懂；在案例选取方面，我们强调案例的针对性和实用性。

本书配套光盘中包含了书中所有案例的素材及效果文件。另外，为方便教师教学，本书配备了详尽的课堂练习和课后习题的操作步骤、PPT 课件以及教学大纲等丰富的教学资源，任课教师可登录人民邮电出版社教学服务与资源网（www.ptpedu.com.cn）免费下载使用。本书的参考学时为 48 学时，其中实训环节为 18 学时，各章的参考学时可以参见下面的学时分配表。

章　节	课程内容	学时分配	
		讲　授	实　训
第 1 章	基本知识和基本操作	2	
第 2 章	创建基本几何体	4	2
第 3 章	二维图形的创建	3	2
第 4 章	三维模型的创建	4	3
第 5 章	复合对象的创建	3	3
第 6 章	几何体的形体变化	2	2
第 7 章	材质和纹理贴图	4	2
第 8 章	灯光和摄像机及环境特效的使用	4	2
第 9 章	渲染与特效	4	2
课时总计		30	18

本书由黄喜云、周文明任主编，郑石郎、王瑞、张国兵任副主编。参与本书编写工作的还有周建国、葛润平、张文达、张丽丽、张旭、吕娜、李悦、崔桂青、尹国勤、张岩、王丽丹、王攀、陈东生、周亚宁、贾楠、程磊等。

由于时间仓促，加之我们水平有限，书中难免存在错误和不妥之处，敬请广大读者批评指正。

编　者

2012 年 7 月

3ds Max 教学辅助资源及配套教辅

素材类型	名称或数量	素材类型	名称或数量
教学大纲	1 套	课堂实例	36 个
电子教案	9 单元	课后实例	8 个
PPT 课件	9 个	课后答案	8 个
第 2 章 创建基本几何体	茶几的制作		窗帘的制作
	木桌椅的制作		桌布的制作
	圆桌的制作		电视的制作
	吸顶灯的制作		南瓜蜡烛的制作
	沙发的制作	第 6 章 几何体的形体变化	双人沙发的制作
	大堂吊灯的制作		百合花的制作
	窗户的制作		苹果的制作
第 3 章 创建扩展几何体	中柱模型的制作		吊灯的制作
	中式窗户的制作		植物的制作
	移动柜的制作		木纹材质的设置
	室内栅栏的制作	第 7 章 材质和纹理贴图	花瓶的三维贴图
	储物架的制作		金属材质的制作
第 4 章 三维模型的创建	地灯的制作		包装盒效果
	礼仪镜的制作		香蕉材质的制作
	餐厅桌椅的制作		室内场景布光
	餐桌椅的制作	第 8 章 灯光和摄像机 及环境特效的使用	全局光照明效果
	新中式吊灯的制作		体积光效果
	休闲沙发的制作		室内日景灯光
	吧椅的制作		室内一角的灯光效果
	床头柜的制作		蜡烛火苗效果的制作
	花瓶的制作	第 9 章 渲染与特效	筒灯光效
第 5 章 复合对象的创建	装饰画的制作		卷轴画的制作

目 录

第1章

基本知识和基本操作

本章将简要介绍 3ds Max 2012 的基本概况，以及该软件在建筑设计中的概况，同时还将介绍 3ds Max 2012 最基本的操作方法。读者通过本章的学习，将会初步认识和了解这款三维创作工具。

课堂学习目标

- 3ds Max 2012 的操作界面
- 物体的选择方式
- 物体的变换
- 物体的复制

1.1 3ds Max 室内设计概述

室内设计是技术与艺术的完美结合。设计师不仅要掌握娴熟的制作技术，更要具备艺术设计的头脑。通过计算机将头脑中的设计理念以效果图的形式展现出来，进而实施，使其变为现实。3ds Max 2012 是使设计理念转化为效果图的最好工具。下面先对如何使用 3ds Max 2012 进行室内设计进行概括性的介绍。

1.1.1 室内设计

室内装潢设计是一个系统工程，需要考虑居住的舒适、美观和实用等多方面的因素。在室内装饰工程中，效果图可以将装饰的实际效果提前展现在客户面前，使装修工作变得更加方便，所以越来越受到家装行业的重视。

当设计师设计出施工图后，对于具有建筑知识的专业人员来说，可以通过施工图了解到建筑在装潢设计后的大体效果。但对于不懂专业知识的人来说，就需要一个比施工图更加直观的显示方式，而效果图恰恰可以生动直观地展现施工图的效果。

1.1.2 室内建模的注意事项

模型是室内效果图的基础，准确、精简的建筑模型是效果图制作成功最根本的保障，3ds Max 2012 以其强大的功能、简便的操作而成为室内设计师建模的首选。要真正进行室内建模，有几点要注意的事项。

⊙ 建筑单位必须统一。制作建筑效果图，最重要的一点就是必须使用统一的建筑单位。3ds Max 2012 具有强大的三维造型功能，但它的绘图标准是"看起来是正确的即可"，而对于设计师而言，往往需要精确定位。因此，一般在 AutoCAD 中建立模型，再通过文件转换进入 3ds Max 2012。用 AutoCAD 制作的建筑施工图都是以毫米为单位的，本书中制作的模型也是使用毫米为单位的。

3ds Max 2012 中的单位是可以选择的。在设置单位时，并非必须使用毫米为单位，因为输入的数值都是通过实际尺寸换算为毫米的。也就是说，用户如果使用其他单位进行建模也是可以的，但应该根据实际物体的尺寸进行单位的换算，这样才能保证制作出的模型和场景不会发生比例失调的问题，也不会给后期建模过程中导入模型带来不便。

所以，进行模型制作时一定要按实际尺寸换算单位进行建模。对于所有制作的模型和场景，也应该保证使用相同的单位。

⊙ 模型的制作方法。通过几何体的搭建或命令的编辑，可以制作出各种模型。

3ds Max 2012 的功能非常强大，制作同一个模型可以使用不同的方法，所以书中介绍的模型的制作方法也不只限于此，灵活运用修改命令进行编辑，就能通过不同的方法制作出模型。

⊙ 灯光的使用。使用 3ds Max 2012 建模，灯光和摄像机是两个重要的工具，尤其是灯光的设置。在场景中进行灯光的设置不是一次就能完成的，需要耐心调整，才能得到好的效果。由于室内场景中的光线照射非常复杂，所以要在室内场景中模拟出真实的光照效果，在设置灯光时就需要考虑到场景的实际结构和复杂程度。

三角形照明是最基本的照明方式，它使用 3 个光源：主光源最亮，用来照亮大部分场景，通常会投射阴影；背光用于将场景中物品的背面照亮，可以展现场景的深度，一般位于对象的后上方，光照强度一般要小于主光源；辅助光源用于照亮主光源没有照射到的黑色区域，控制场景中的明暗对比度，亮的辅助光源能平均光照，暗的辅助光源能增加对比度。

对于较大的场景，一般会被分成几个区域，分别对这几个区域进行曝光。

如果渲染出图后灯光效果还是不满意，可以使用 Photoshop 软件进行修饰。

⊙　摄像机的使用。3ds Max 2012 中的摄像机与现实生活中的摄像机一样，也有焦距和视野等参数。同时，它还拥有超越真实摄像机的能力，更换镜头、无级变焦都能在瞬间完成。自由摄像机还可以绑定在运动的物体上来制作动画。

在建模时，可以根据摄像机视图的显示创建场景中能够被看到的物体，这种做法可以不必将所有物体全部创建，从而降低场景的复杂度。比如，一个场景的可见面在摄像机视图中不可能全部被显示出来，这样在建模时只需创建可见面，而最终效果是不变的。

摄像机创建完成后，需要对摄像机的视角和位置进行调节，48mm 是标准人眼的焦距。使用短焦距能模拟出鱼眼镜头的夸张效果，而使用长焦距则用于观察较远的景色，保证物体不变形。摄像机的位置也很重要，镜头的高度一般为正常人的身高，即 1.7m，这时的视角最真实。对于较高的建筑，可以将目标点抬高，用来模拟仰视的效果。

⊙　材质和纹理贴图的编辑。材质是表现模型质感的重要因素之一。创建模型后，必须为模型赋予相应的材质，才能表现出具有真实质感的效果。对于有些材质，需要配合灯光和环境使用，才能表现出效果，如建筑效果图中的玻璃质感和不锈钢质感等，都具有反射性，如果没有灯光和环境的配合，效果是不真实的。

1.2　3ds Max 2012 的操作界面

学习 3ds Max 2012 首先要认识它的操作界面，熟悉各控制区的用途和使用方法，这样才能在操作过程中得心应手地使用各种工具和命令建模，并能节省大量的工作时间。下面就来介绍 3ds Max 2012 的操作界面。

1.2.1　3ds Max 2012 系统界面简介

运行 3ds Max 2012，进入操作界面。3ds Max 2012 的界面很友善，具有标准 Windows 风格，界面布局合理，并允许用户根据个人习惯改变界面的布局。下面先来介绍 3ds Max 2012 操作界面的组成。

3ds Max 2012 操作界面主要由 8 个区域组成，如图 1-1 所示。

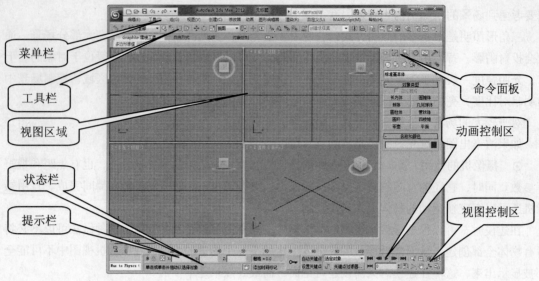

图 1-1

1.2.2　菜单栏

菜单栏位于 3ds Max 2012 操作界面的左上方，为用户提供了一个用于文件管理、编辑修改、渲染和寻求帮助的操作接口。菜单栏包括文件、编辑、工具、组、视图、创建和修改器等 14 个菜单，如图 1-2 所示。将鼠标光标移到任意一个菜单上并单击鼠标左键，都会弹出相应的下拉菜单，用户可以直接在下拉菜单上选择所要执行的命令。

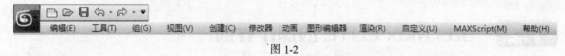

图 1-2

⊙　⑤文件菜单。该菜单用于对 Max 文件的管理，包括创建、打开、初始化、保存、另存为、导入和导出等常用操作命令。另外，"导入"命令可以从其他场景中导入已有的模型，在工作中能节省大量时间。

⊙　编辑菜单。该菜单用于文件的编辑，包括撤销、保存场景、复制和删除等命令。

⊙　工具菜单。该菜单中提供了各种常用工具，这些工具由于在建模时经常用到，所以在工具栏中设置了相应的快捷按钮。

⊙　组菜单。该菜单包含一些将多个对象编辑成组或者将组分解成独立对象的命令。编辑组是在场景中组织对象的常用方法。

⊙　视图菜单。该菜单包含视图最新导航控制命令的撤销和重复、网格控制选项等命令，并允许显示适用于特定命令的一些功能，如视图的配置、单位的设置和设置背景图案等。

⊙　创建菜单和修改菜单。该菜单中包括创建和修改的所有命令，这些命令能在命令面板中直接找到。

⊙　修改器菜单。该菜单包含创建角色、销毁角色、上锁、解锁、插入角色、骨骼工具以及蒙皮等命令。

⊙　动画菜单。该菜单包含设置反向运动学求解方案、设置动画约束和动画控制器，给对象的参数之间增加配线参数以及动画预览等命令。

⊙　图形编辑器菜单。该菜单是场景元素间关系的图形化视图，包括曲线编辑器、摄影表编辑器、图解视图和 Particle 粒子视图、运动混合器等。

⊙　渲染菜单。该菜单是 3ds Max 2012 的重要菜单，包括渲染、环境设置和效果设定等命令。模型建立后，材质/贴图、灯光、摄像这些特殊效果在视图区域是看不到的，只有经过渲染后，才能在渲染窗口中观察效果。

⊙　自定义菜单。该菜单允许用户根据个人习惯创建自己的工具和工具面板，设置习惯的快捷键，使操作更具个性化。

⊙　MAX Script 菜单。该菜单是 3ds Max 2012 支持的一个称之为脚本的程序设计语言。用户可以书写一些脚本语言的短程序以控制动画的制作。"MAX Script"菜单中包括创建、测试和运行脚本等命令。使用该脚本语言，可以通过编写脚本来实现对 3ds Max 2012 的控制，同时还可以与外部的文本文件和表格文件等链接起来。

⊙　帮助菜单。该菜单提供了对用户的帮助功能，包括提供脚本参考、用户指南、快捷键、第三方插件和新产品等信息。

1.2.3　工具栏

工具栏位于菜单栏的下方，包括各种常用工具的快捷按钮，使用起来非常方便。通常，在 1280 像素×1024 像素的显示分辨率下，工具按钮才能完全显示在工具栏中。工具栏中的所有快捷按钮如图 1-3 所示。

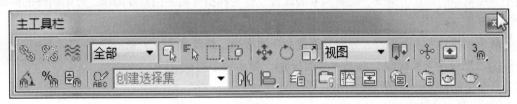

图 1-3

当显示器的分辨率低于 1280 像素×1024 像素时（通常设定的分辨率是 1024 像素×768 像素或 800 像素×600 像素），可以通过以下两种方法显示工具栏中隐藏的工具按钮。

⊙　将光标移到工具栏空白处，当光标变成小手标志🖑时，按住鼠标左键并拖曳光标，工具栏会跟随光标滚动显示。

⊙　如果配备的鼠标带有滚轮，可在工具栏任意位置按住鼠标滚轮不放，这时光标变为小手标志🖑，拖曳光标也能显示其他工具按钮。

工具栏中的各按钮的功能，将在后续章节中详细介绍。

在 3ds Max 2012 系统中，一些快捷按钮中隐藏着其他按钮，这些快捷按钮右下角有一个"小三角"标记，这表示该按钮下有隐藏按钮。用光标单击并按住该按钮不放，会展开一组新的按钮，向下移动光标到相应的按钮上，即可选择该按钮，如图 1-4 所示。

还有一些按钮在浮动工具栏中，要选择这些按钮，可在工具栏的空白处单

图 1-4

击鼠标右键，如图 1-5 所示，在弹出的菜单中选择相应的命令，就会弹出该命令的浮动工具栏，如图 1-6 所示。

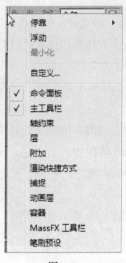

图 1-5

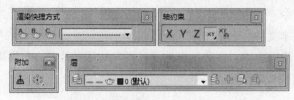

图 1-6

1.2.4　命令面板

命令面板位于 3ds Max 2012 操作界面的右侧，结构较为复杂。命令面板提供了丰富的工具，用于完成模型的建立与编辑、动画轨迹的设置、灯光和摄像机的控制等操作，外部插件的窗口也位于这里。

命令面板分为 6 个部分，分别是创建命令面板、修改命令面板、层级命令面板、运动命令面板、显示命令面板和工具命令面板，如图 1-7 所示。

图 1-7

1. 创建命令面板

该面板用于创建各种模型。3ds Max 2012 中有 7 种创建对象可供选择：几何体、图形、灯光、摄像机、辅助对象、空间扭曲和系统。

⊙　几何体用于创建各种三维物体，是 3ds Max 2012 中最常用的创建工具。单击下拉列表框，可以选择创建几何体的类型，如图 1-8 所示。

标准基本体：用于创建方体、锥体和球体等基本的几何体。

扩展基本体：用于创建多面体和导角方体等相对复杂的几何体。

复合对象：通过合成方式产生物体，如连接、变形和离散等。

粒子系统：用于产生微粒属性的物体，如雪、水滴和飞沫等。

面片栅格：以面片方式创建网格模型，是一种独特的局部建模方法。

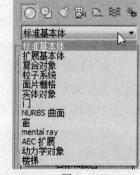

图 1-8

实体对象：选择此项目时，"对象类型"卷展栏包含与 SAT 插件的不同功能对应的 4 个按钮。

NURBS 曲面：用于创建复杂光滑的曲面，是一种高级建模方法。

门：用于房门的创建。

窗：用于窗户的创建。

AEC 扩展：用于建筑、工程以及土地构建方面对象的创建，如树木、栏杆和墙壁等。

动力学对象：用于创建具有动力学属性的物体。

楼梯：用于楼梯的创建。

⊙　图形 用于创建各种平面造型。下拉列表框中有 3 种创建类型，即样条线、NURBS 曲线和扩展样条线，如图 1-9 所示。

样条线：用于创建线、矩形和圆形等平面图形，后期可通过修改命令使其转换为立体图形。

NURBS 曲线：用于创建 NURBS 曲线，进行 NURBS 建模。

⊙　灯光 和摄像机 。

灯光：用于模拟现实生活中的灯光效果。

摄像机：用于提供一种精确角度观察场景的方式，如图 1-10 所示，这两种工具是建模中比较重要的工具，在后续章节中将会详细介绍。

图 1-9

图 1-10

⊙　辅助对象 。为了方便操作，3ds Max 2012 提供了一些辅助物体来帮助用户更准确地建模，包括虚拟对象、栅格和点等，如图 1-11 所示。

⊙　空间扭曲 用于影响其他物体，使其变形而自身不被渲染，如图 1-12 所示。

⊙　系统 是一种通过组合、链接和控制一系列物体来形成一个有统一行为的对象，如骨骼系统等，如图 1-13 所示。

图 1-11

图 1-12

图 1-13

2．修改命令面板

该面板用于对创建的各种对象进行独立参数编辑，它不仅可以用于查看和修改物体的各种参数，还可以通过命令对物体进行修改。

修改命令面板主要包括物体的名称和颜色、修改命令下拉列表框和修改器堆栈，如图 1-14 所示。修改命令面板的使用方法将会在后续章节中介绍。

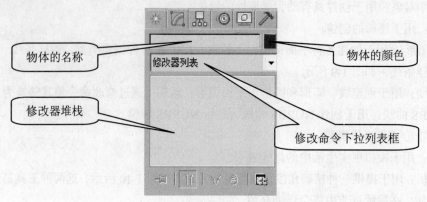

图 1-14

3. 层级命令面板

该面板用于调整或建立相互连接的对象之间的层级关系。通过它，可以创建反向运动和产生动画物体的层级结构。它包括轴、"IK"和链接信息，如图 1-15 所示。

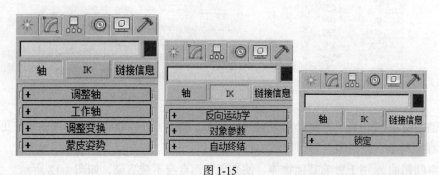

图 1-15

⊙ 轴　轴　指物体的轴心，可以作为与其他物体连接的中心、反向运动坐标的轴心、旋转和缩放依据的中心。

⊙ IK　IK　依据反向运动学的原理对层次连接后的复合对象进行运动设置。与正向运动不同，运用 IK（反向运动）系统控制层末端对象的运动，计算机将自动计算此变换对整个层次的影响，并据此完成复杂的动画。

⊙ 链接信息 链接信息 用于控制物体移动、旋转、缩放时在 3 个轴向上锁定和继承情况的工具。

4. 运动命令面板

运动命令面板可以对对象的动画进行设定和控制，包括参数和轨迹两个功能，如图 1-16 所示。

参数面板中的参数命令可以用于分配动画控制器，对运动路线进行参数化控制和编辑。

轨迹命令是动画对象在场景中所走的实际路线，也就是对象的运动轨迹。在场景中，轨迹命令以样条曲线的形式显示。

图 1-16

5. 显示命令面板

显示命令面板用于控制场景中对象的显示属性，可以隐藏/显示、冻结/解冻场景中的对象，如图 1-17 所示。被冻结的对象在场景中仍然可以看到，但是不能对它进行操作，而被隐藏的对象不仅不能被操作，而且在场景中也是不可见的。

6. 工具命令面板

在默认情况下，系统会在工具命令面板上显示出常用的 9 个工具命令按钮，如图 1-18 所示。在工具命令面板的上方有 3 个按钮，它们可用于设置外挂程序在工具命令面板上的显示情况。

图 1-17

图 1-18

1.2.5　视图区域

视图区域是 3ds Max 2012 操作界面中最大的区域，位于操作界面的中部，它是主要的工作区。在视图区域中，3ds Max 2012 系统本身默认为 4 个基本视图，如图 1-19 所示。

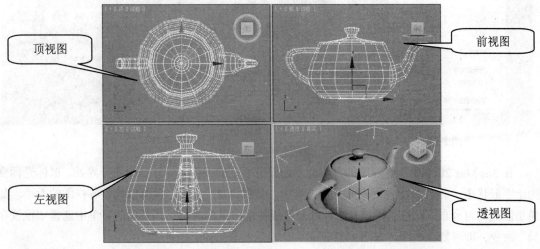

图 1-19

顶视图：从场景正上方向下垂直观察物体。

前视图：从场景正前方观察物体。

左视图：从场景正左方观察物体。

透视图：能从任何角度观察物体的整体效果，可以变换角度进行观察。透视图是以三维立体方式对场景进行显示观察的，其他3个视图都是以平面形式对场景进行显示观察的。

4个视图的类型是可以改变的，激活视图后，按下相应的快捷键，就可以实现视图之间的切换。快捷键对应的中英文名称如表1-1所示。

表1-1

快 捷 键	英 文 名 称	中 文 名 称
T	Top	顶视图
B	Bottom	底视图
L	Left	左视图
R	Right	右视图
U	Use	用户视图
F	Front	前视图
P	Perspective	透视图
C	Camera	摄像机视图

切换视图还可以用另一种方法。在每个视图的视图类型上单击鼠标，弹出快捷菜单，如图1-20所示，在弹出的菜单中选择要切换的视图类型即可，如图1-21所示。

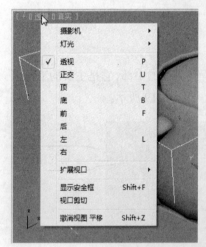

图 1-20

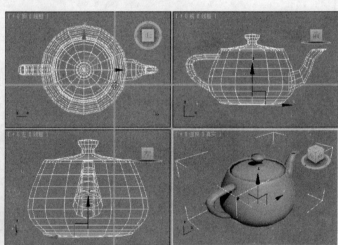

图 1-21

在3ds Max 2012中，各视图的大小也不是固定不变的，将光标移到视图分界处，鼠标光标变为十字形状✛，按住鼠标左键不放并拖曳光标，如图1-22所示，就可以调整各视图的大小。如果想恢复均匀分布的状态，可以在视图的分界线处单击鼠标右键，在弹出的菜单中选择"重置布局"命令，即可复位视图，如图1-23所示。

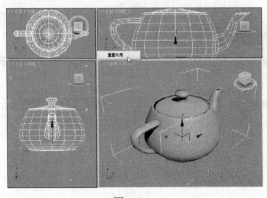

图 1-22

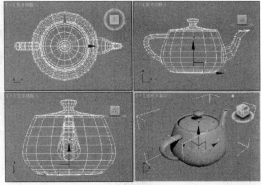

图 1-23

1.2.6　视图控制区

视图控制区位于 3ds Max 2012 操作界面的右下角，该控制区内的功能按钮主要用于控制各视图的显示状态，部分按钮内还有隐藏按钮，如图 1-24 所示。

图 1-24

熟练运用这几个按钮，可以大大提高工作效率。下面就来介绍各按钮的功能。

⊙　缩放 。单击该按钮后，在视图中光标变为 形状，按住鼠标左键不放并拖曳光标，可以拉近或推远场景。该功能只作用于当前被激活的视图窗口。

⊙　缩放所有视图 。单击该按钮后，在视图中光标变为 形状，按住鼠标左键不放并拖曳光标，所有可见视图都会同步拉近或推远场景。

⊙　最大化显示选定对象 。单击该按钮后，在视图中被选择的物体将以最大方式显示。如果没有物体处于被选择状态，单击该按钮，视图中会显示所有物体。这个按钮可以帮助用户在建造复杂场景中编辑单个物体。

⊙　最大化显示 。该按钮是 按钮的隐藏按钮，单击该按钮后，会缩放被激活的视图，以显示该视图中的所有物体。

⊙　所有视图最大化显示 。单击该按钮后，缩放所有可见视图，以显示视图中的所有物体。

⊙　全部视图中最大化显示选定对象 。单击该按钮后，被选择的物体在所有可见视图中都以最大化方式显示。

⊙　缩放区域 。单击该按钮后，可以在任意视图中进行框选，视图将放大被框选的场景。

⊙　视野 。该按钮是 按钮的隐藏按钮，只能在透视图或摄像机视图中使用。单击该按钮，光标变为 形状，按住鼠标左键不放并拖曳光标，视图中相对视景及视角会发生远近的变化。

⊙　平移视图 。单击该按钮，在视图中光标变为 形状，按住鼠标左键不放并拖曳光标，可以移动视图位置。如果配备的鼠标有滚轮，在视图中直接按住滚轮不放并拖曳光标即可。

⊙　环绕子对象 。单击该按钮，当前视图中会出现一个黄色旋转方向指示圈，在视图中按住鼠标左键不放并拖曳光标，可以对选择的物体进行视角的旋转。这个命令主要用于透视图用户视图的角度调节。如果在其他正交视图中使用此命令，就会发现正交视图自动切换成为用户视图。如果想恢复原来的视图，只要按下相应的快捷键即可。

在透视图或用户视图中，按住 Alt 键，同时按住鼠标滚轮并拖曳鼠标，也可以对物体进行视角的旋转。

⊙ 最大化视口切换 。单击该按钮，当前视图满屏显示，再次单击该按钮，可返回原来的状态。

1.2.7 动画控制区

动画控制区位于视图控制区的左侧，主要用于动画的记录、动画帧的选择、动画的播放以及动画时间的控制，如图 1-25 所示。

图 1-25

1.2.8 提示栏

提示栏主要用于建模时对模型空间位置的提示。

1.2.9 状态栏

状态栏主要用于建模时对模型的操作说明，如图 1-26 所示。

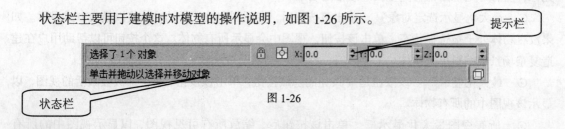

图 1-26

1.3 3ds Max 2012 的坐标系统

3ds Max 2012 提供了多种坐标系统，这些坐标系统可以直接在工具栏中进行选择，如图 1-27 所示。下面对坐标系统进行介绍。

⊙ 视图坐标系统是 3ds Max 2012 默认的坐标系统，也是使用最普遍的坐标系统。它是屏幕坐标系统与世界坐标系统的结合。视图坐标系统在正视图中使用屏幕坐标系统，在透视图和用户视图中使用世界坐标系统。

⊙ 屏幕坐标系统在所有视图中都使用同样的坐标轴向，即 X 轴为水平方向，Y 轴为垂直方向，Z 轴为景深方向，这是用户习惯的坐标方向。该坐标系统把计算机屏幕作为 X、Y 轴向，向屏幕内部延伸为 Z 轴向。

图 1-27

⊙　世界坐标系统。在 3ds Max 2012 操作界面中，从前方看，X 轴为水平方向，Y 轴为垂直方向，Z 轴为景深方向。这个坐标轴向在任意视图中都固定不变，选择该坐标系统后，可以使任何视图中都有相同的坐标轴显示。

⊙　父对象坐标系统。使用父物体坐标系统，可以使子物体与父物体之间保持依附关系，使子物体以父物体的轴向为基础发生改变。

⊙　局部坐标系统使用选定对象的坐标系。对象的局部坐标系由其轴点支撑。使用层级命令面板上的选项，可以相对于对象调整局部坐标系的位置和方向。

⊙　万向坐标系统为每个对象使用单独的坐标系。

⊙　栅格坐标系统以栅格物体的自身坐标轴为坐标系统，栅格物体主要用于辅助制作。

⊙　拾取坐标系统拾取屏幕中的任意一个对象，以被拾取物体的自身坐标系统为拾取物体的坐标系统。

1.4　物体的选择方式

物体的选择很重要，要对物体进行编辑修改，就必须先选择物体。3ds Max 2012 提供了多种选择物体的工具和方法。下面介绍几种选择物体的常用方法。

1.4.1　选择物体的基本方法

选择物体最基本的方法就是直接用鼠标左键单击要选择的物体，当光标移动到物体上时会变成 ✛ 形状，单击鼠标左键即可选择该物体。

如果要同时选择多个物体，可以按住 Ctrl 键，用鼠标左键连续单击或框选要选择的物体，如果想取消其中个别物体的选择，可以按住 Alt 键，单击或框选要取消选择的物体。

1.4.2　区域选择

3ds Max 2012 提供了多种区域选择方式，使操作更为灵活、简单。▢矩形选择方式是系统默认的选择方式，其他选择方式都是矩形选择方式的隐藏选项。

▢矩形选择区域：将拖曳出的矩形区域作为选择框。

○圆形选择区域：将拖曳出的圆形区域作为选择框。

▨围栏选择区域：将创建出的任意不规则区域作为选择框。

▨套索选择区域：是 3ds Max 2012 提供的一个新的区域选择方式，将拖曳出的任意不规则区域作为选择框。

▨绘制选择区域：可通过将光标放在多个对象或子对象之上来选择多个对象或子对象。

几种选择方式的效果如图 1-28 所示。

以上几种选择方式都可以与 ▣（窗口/交叉）配合使用。▣（窗口/交叉）分为两种方式：交叉选择方式 ▣ 和窗口选择方式 ▣。

▣交叉选择方式：选择框之内以及与选择框接触的对象都将被选择。

▣窗口选择方式：只有完全在选择框之内的对象，才能被选择。

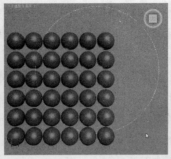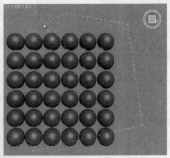

图 1-28

1.4.3　名称选择

在复杂建模时，场景中通常会有很多物体，用鼠标进行选择很容易造成误选。3ds Max 2012 提供了一个可以通过名称选择物体的功能。该功能不仅可以通过物体的名称选择，甚至能通过颜色或材质选择具有该属性的所有物体。

通过名字选择物体的操作步骤如下。

（1）单击工具栏中的"按名称选择"按钮 ，弹出"选择对象"对话框，如图 1-29 所示。

（2）在选择列表中的物体名称后单击"确定"按钮 确定 ，或直接双击列表中的物体名称，该物体即被选择。

排序：可以选择物体名称的排列顺序，包括类型、颜色和大小等参数。

列出类型：可以选择列表中显示的物体类别，包括几何体、灯光和摄像机等各种物体。

选择集：从下拉列表框中可以选择用户自己建立的选择集。

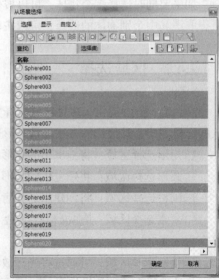

图 1-29

1.4.4　编辑菜单选择

使用菜单栏中的编辑命令也能选择物体，在菜单栏中单击"编辑"菜单，如图 1-30 所示，即可在编辑菜单中进行选择，如图 1-31 所示。

图 1-30

图 1-31

全选：选择场景中的所有物体，快捷键为 Ctrl + A 组合键。

全部不选：取消场景中所有物体的选择，快捷键为 Ctrl + D 组合键。

反选：表示反向选择，使已经被选择的物体取消选择，而没有处于选择状态的所有物体都被选择，快捷键为 Ctrl + I 组合键。

选择方式：该命令有下一级菜单，有选择方式的细分，如按颜色选择和按物体名称选择。

1.4.5 过滤选择集

过滤选择工具用于设置场景中能够被选择的物体类型，如只选择几何体或只选择灯光，这样可以避免在复杂场景中选错物体。

在过滤选择工具的下拉列表框 全部 中，包括几何体、图形、灯光和摄像机等物体类型，如图 1-32 所示。

全部：表示可以选择场景中的任何物体。

G–几何体：表示只能选择场景中的几何形体（标准几何体、扩展几何体）。

S–图形：表示只能选择场景中的图形。

L–灯光：表示只能选择场景中的灯光。

C–摄像机：表示只能选择场景中的摄像机。

H–辅助对象：表示只能选择场景中的辅助物体。

W–扭曲：表示只能选择场景中的空间扭曲物体。

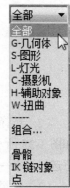

图 1-32

组合：可以将两个或多个类别组合为一个过滤器类别。

骨骼：表示只能选择场景中的骨骼。

IK 链对象：表示只能选择场景中的 IK 连接物体。

点：表示只能选择场景中的点。

1.4.6 物体编辑成组

图 1-33

物体编辑成组是将多个对象编辑为一个组的命令，选择要编辑成组的物体后单击"组"命令，会弹出下拉菜单，如图 1-33 所示。下拉菜单中的命令用于对组的编辑。

成组：用于把场景中选定的对象编辑为一个组。

解组：用于把选中的组解散。

打开：用于暂时打开一个选中的组，可以对组中的物体单独编辑。

关闭：用于把暂时打开的组关闭。

附加：用于把一个对象增加到一个组中。先选中一个对象，执行附加命令，再单击组中的任意一个对象即可。

分离：用于把对象从组中分离出来。

炸开：能够使组以及组内所嵌套的组都彻底解散。

集合：用于将多个对象、组合并至单个组。

下面通过一个例子，来介绍"组"命令，操作步骤如下。

（1）在视图中任意创建几个几何体，用光标框选将它们选中，如图 1-34 所示。几何体的创建将在第 2 章中介绍。

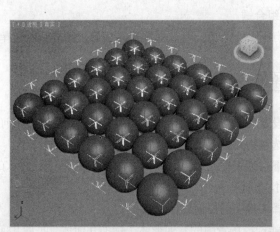

图 1-34

（2）选择"组 > 成组"命令，弹出"组"对话框，在"组名"文本框中可以编辑组的名称，如图 1-35 所示，单击"确定"按钮 ▭确定▭，被选择的几何体成为一个组，如图 1-36 所示。任意选择其中一个方体，整个组都会被选择。

（3）选择"组 > 打开"命令，该组会被暂时打开，选择其中一个物体，可以对该物体进行单独编辑，如图 1-37 所示。

（4）选择"组 > 关闭"命令，可以使打开的组闭合。选择"组 > 炸开"命令，可以使这个组彻底解散。

将物体编辑成组在建模中会经常用到，对于较为复杂的场景，应该在创建组的同时给所创建的组编辑名称，以便于后期进行选择修改。

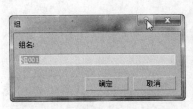
图 1-35

图 1-36

图 1-37

1.5　物体的变换

　　物体的变换包括对物体的移动、旋转和缩放，这三项操作几乎在每一次建模中都会用到，是建模操作的基础。

1.5.1　移动物体

　　启用移动工具有以下几种方法。

　　⊙　单击工具栏中的"移动"工具按钮✥。

　　⊙　按 W 键。

　　⊙　选择物体后单击鼠标右键，在弹出的菜单中选择"移动"命令。

　　使用移动命令的操作方法如下。

　　选择物体并启用移动工具，当鼠标光标移动到物体坐标轴上时（如 X 轴），光标会变成✥形状，并且坐标轴（X 轴）会变成亮黄色，表示可以移动，如图 1-38 所示。此时按住鼠标左键不放并拖曳光标，物体就会跟随光标一起移动。

　　利用移动工具可以使物体沿两个轴向同时移动，观察物体的坐标轴，会发现每两个坐标轴之间都有共同区域，当鼠标光标移动到此处区域时，该区域会变黄，如图 1-39 所示。按住鼠标左键不放并拖曳光标，物体就会跟随光标一起沿两个轴向移动。

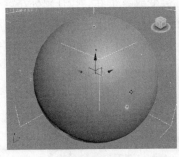
图 1-38

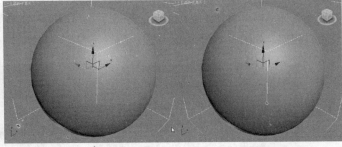
图 1-39

1.5.2　旋转物体

　　启用旋转命令有以下几种方法。

17

⊙ 单击工具栏中的"旋转"工具按钮。

⊙ 按 E 键。

⊙ 选择物体后单击鼠标右键，在弹出的菜单中选择"旋转"命令。

使用旋转命令的操作方法如下。

选择物体并启用旋转工具，当鼠标光标移动到物体的旋转轴上时，光标会变为形状，旋转轴的颜色会变成亮黄色，如图 1-40 所示。按住鼠标左键不放并拖曳光标，物体会随光标的移动而旋转。旋转物体只用于单方向旋转。

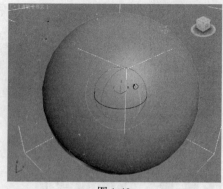

图 1-40

旋转工具可以通过旋转来改变物体在视图中的方向。熟悉各旋转轴的方向很重要。

1.5.3 缩放物体

启用缩放命令有以下几种方法。

⊙ 单击工具栏中的"缩放"工具按钮。

⊙ 按 R 键。

⊙ 选择物体后单击鼠标右键，在弹出的菜单中选择"缩放"命令。

对物体进行缩放，3ds Max 2012 提供了 3 种方式，即选择并均匀缩放、选择并非均匀缩放和选择并挤压。在系统默认设置下，工具栏中显示的是选择并均匀缩放按钮，选择并非均匀缩放和选择并挤压是隐藏按钮。

选择并均匀缩放：只改变物体的体积，不改变形状，因此坐标轴向对它不起作用。

选择并非均匀缩放：对物体在制定的轴向上进行二维缩放（不等比例缩放），物体的体积和形状都发生变化。

选择并挤压：在指定的轴向上使物体发生缩放变形，物体体积保持不变，但形状会发生改变。

选择物体并启用缩放工具，当光标移动到缩放轴上时，光标会变成形状，按住鼠标左键不放并拖曳光标，即可对物体进行缩放。缩放工具可以同时在两个或 3 个轴向上进行缩放，方法和移动工具相似，如图 1-41 所示。

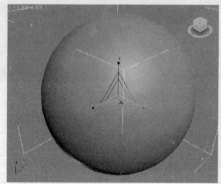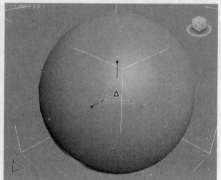

图 1-41

1.6　物体的复制

有时在建模中要创建很多形状、性质相同的几何体，如果分别进行创建会浪费很多时间，这时就要使用复制命令来完成这项工作。

1.6.1　直接复制物体

1．复制物体的方式

复制分为 3 种方式：复制、实例和参考，这 3 种方式主要根据复制后原物体与复制物体的相互关系来分类。

复制：复制后原物体与复制物体之间没有任何关系，是完全独立的物体。相互间没有任何影响。

实例：复制后原物体与复制物体相互关联，对任何一个物体的参数修改都会影响到复制的其他物体。

参考：复制后原物体与复制物体有一种参考关系，对原物体进行参数修改，复制物体会受同样的影响，但对复制物体进行修改不会影响原物体。

2．复制物体的操作

直接复制物体操作最常用，运用移动工具、旋转工具、缩放工具都可以对物体进行复制。下面以移动工具为例对直接复制进行介绍，操作步骤如下。

（1）将物体选中，按住 Shift 键，然后移动物体，完成移动后，会弹出"克隆选项"对话框，如图 1-42 所示。提示用户选择复制的类型以及要复制的个数。

（2）单击　确定　按钮，完成复制。如果单击　取消　按钮则取消复制。运用旋转、缩放工具也能对物体进行复制，复制方法与移动工具相似。

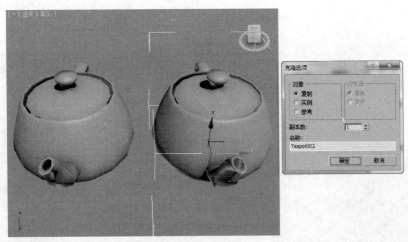

图 1-42

1.6.2　利用镜像复制物体

当建模中需要创建两个对称的物体时，如果使用直接复制，物体间的距离很难控制，而且要使两物体相互对称直接复制是办不到的，镜像就能很简单地解决这个问题。

选择物体后，单击"镜像"工具按钮 ，弹出"镜像：世界坐标"对话框，如图 1-43 所示。

镜像轴：用于设置镜像的轴向，系统提供了 6 种镜像轴向。

偏移：用于设置镜像物体和原始物体轴心点之间的距离。

克隆当前选择：用于确定镜像物体的复制类型。

不克隆：表示仅把原始物体镜像到新位置而不复制对象。

复制：把选定物体镜像复制到指定位置。

实例：把选定物体关联镜像复制到指定位置。

参考：把选定物体参考镜像复制到指定位置。

使用镜像复制应该熟悉轴向的设置，选择物体后单击镜像工具，可以依次选择镜像轴，观察镜像复制物体的轴向，视图中的复制物体是随镜像对话框中镜像轴的改变实时显示的，选择合适的轴向后单击 确定 按钮即可，单击 取消 按钮则取消镜像。

图 1-43

1.6.3　利用间距复制物体

利用间距复制物体是一种快速而且比较随意的物体复制方法，它可以指定一个路径，使复制物体排列在指定的路径上，操作步骤如下。

（1）在视图中创建一个球体和圆，如图 1-44 所示。

（2）选择"工具 > 对齐 > 间隔工具"命令，如图 1-45 所示，弹出"间隔工具"对话框，如图 1-46 所示。

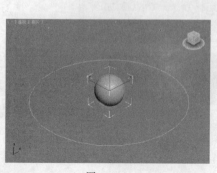

图 1-44

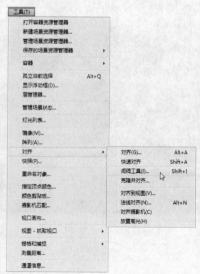

图 1-45

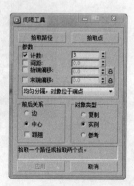

图 1-46

（3）单击球体将其选中，在"间隔工具"对话框中单击 拾取路径 按钮，然后在视图中单击螺旋线，在"计数"数值框中设置复制的数量，设置结束后 拾取路径 按钮会变为 Circle001 ，表示拾取的是图形圆，如图 1-47 所示。

（4）设置"计数"参数，单击 应用 按钮，复制完成，如图 1-48 所示。

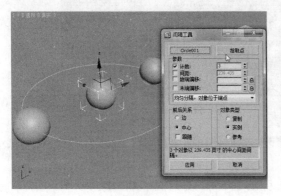

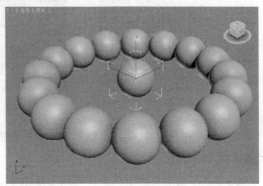

图 1-47　　　　　　　　　　　　　　　　　　　　图 1-48

1.6.4　利用阵列复制物体

有时需要创建出多个相同的几何体，而且这些几何体要按照一定的规律进行排列，这时就要用到阵列工具 。

1. 选择阵列工具

阵列工具位于浮动工具栏中。在工具栏的空白处单击鼠标右键，在弹出的菜单中选择"附加"命令，如图 1-49 所示，弹出"附加"浮动工具栏，单击 按钮即可选择，如图 1-50 所示。

下面通过一个例子来介绍阵列复制，操作步骤如下。

（1）在视图中创建一个球体，效果如图 1-51 所示。

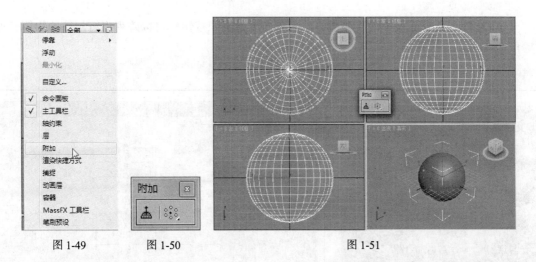

图 1-49　　　　　　图 1-50　　　　　　　　　　　图 1-51

（2）右键单击顶视图，然后单击球体将其选中，单击" > 轴 > 仅影响轴 "按钮，如图 1-52 所示，使用"移动"工具 将球体的坐标中心移到球体以外，如图 1-53 所示。

图 1-52

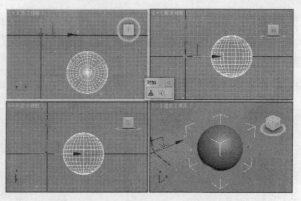

图 1-53

仅影响轴：只对被选择对象的轴心点进行修改，这时使用移动和旋转工具能够改变对象轴心点的位置和方向。

（3）在浮动工具栏中单击"阵列"按钮，弹出"阵列"对话框，如图 1-54 所示。

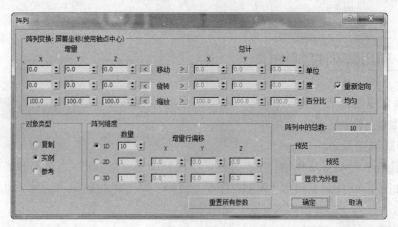

图 1-54

（4）在阵列命令面板中设置参数，然后单击 确定 按钮，可以阵列出有规律的物体，见表 1-2。

表 1-2

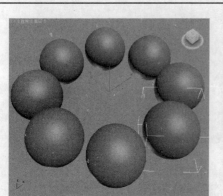
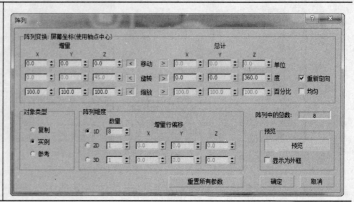

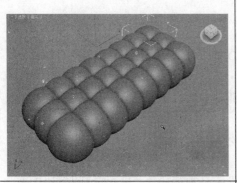

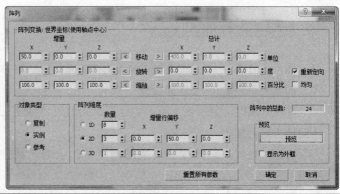

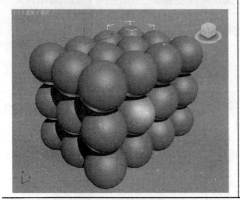

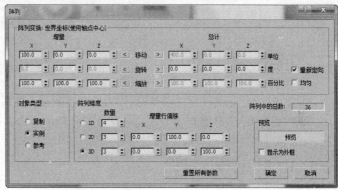

2. 阵列工具的参数

阵列命令面板包括阵列变换、对象类型和阵列维度等选项组。

⊙　阵列变换选项组用于指定如何应用 3 种方式来进行阵列复制。

增量：分别用于设置 X、Y、Z 3 个轴向上的阵列物体之间距离大小、旋转角度、缩放程度的增量。

总计：分别用于设置 X、Y、Z 3 个轴向上的阵列物体自身距离大小、旋转角度、缩放程度的增量。

⊙　对象类型选项组用于确定复制的方式。

⊙　阵列维度选项组用于确定阵列变换的维数。

1D、2D、3D：根据阵列变换选项组的参数设置创建一维阵列、二维阵列、三维阵列。

阵列中的总数：表示阵列复制物体的总数。

：该按钮能把所有参数恢复到默认设置。

1.7　捕捉工具

在建模过程中为了精确定位，使建模更精准，经常会用到捕捉控制器。捕捉控制器由 4 个捕捉工具组成，分别为捕捉开关 ，角度捕捉切换 、百分比捕捉切换 和微调器捕捉切换 ，如图 1-55 所示。

3ⁿ, ⌂ⁿ ‰ⁿ ⇕ⁿ

图 1-55

1.7.1　3 种捕捉工具

捕捉工具有 3 种，系统默认设置为 3D 捕捉 ，在 3D 捕捉按钮中还隐藏着另外两种捕捉方式，即 2D 捕捉 和 2.5D 捕捉 。

3D 捕捉：启用该工具，创建二维图形或者创建三维对象时，鼠标光标可以在三维空间的任何地方进行捕捉。

2D 捕捉：只捕捉激活视图构建平面上的元素，Z 轴向被忽略，通常用于平面图形的捕捉。

2.5D 捕捉：是二维捕捉和三维捕捉的结合方式。2.5D 捕捉能捕捉三维空间中的二维图形和激活视图构建平面上的投影点。

1.7.2　角度捕捉

角度捕捉用于捕捉进行旋转操作时的角度间隔，使对象或者视图按固定的增量值进行旋转，系统默认值为 5°。角度捕捉配合旋转工具使用能准确定位。

1.7.3　百分比捕捉

百分比捕捉用于捕捉缩放或挤压操作时的百分比间隔，使比例缩放按固定的增量值进行缩放，用于准确控制缩放的大小，系统默认值为 10%。

1.7.4　捕捉工具的参数设置

捕捉工具必须是在开启状态下才能起作用，单击捕捉工具按钮，按钮变为黄色表示被开启。要想灵活运用捕捉工具，还需要对它的参数进行设置。在捕捉工具按钮上单击鼠标右键，都会弹出"栅格和捕捉设置"窗口，如图 1-56 所示。

"捕捉"面板，用于调整空间捕捉的捕捉类型。图 1-56 所示为系统默认设置的捕捉类型。栅格点捕捉、端点捕捉和中点捕捉是常用的捕捉类型。

"选项"面板，用于调整角度捕捉和百分比捕捉的参数，如图 1-57 所示。

图 1-56

图 1-57

1.8 对齐工具

对齐工具![]用于使当前选定的对象按指定的坐标方向和方式与目标对象对齐。对齐工具中有 5 种对齐方式，即一般对齐![]、法线对齐![]、放置高光![]、对齐摄像机![]和对齐到视图![]，其中一般对齐![]是最常用的。

一般对齐![]用于进行轴向上的对齐，操作步骤如下。

（1）在视图中创建一个球体和一个圆柱体，如图 1-58 所示。

（2）选择球体，然后单击"对齐"工具按钮![]，这时鼠标光标会变为 ⊕ 形状，将鼠标光标移到球体上，光标会变为 ⊕ 形状。

（3）单击圆柱体，弹出"对齐当前选择"对话框，如图 1-59 所示。

图 1-58

图 1-59

X 位置、Y 位置、Z 位置表示要对齐的轴向，如图 1-60 所示。视图中物体的对齐状态是与对话框中对齐轴向的选择实时显示的，用户可以选择对齐轴向后观察视图，然后选择合适的对齐轴向。

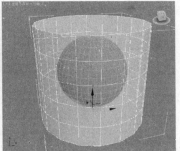

图 1-60

对齐方向（局部）选项组中的 X 轴、Y 轴、Z 轴表示方向上的对齐。

1.9 撤销和重复命令

在建模中，操作步骤非常多，如果当前某一步操作出现错误，重新进行操作是不现实的，3ds

Max 2012 中提供了撤销和重复命令，可以使操作回到之前的某一步，这在建模过程中非常有用。这两个命令在快速访问工具栏中都有相应的快捷按钮。

撤销命令 ：用于撤销最近一次操作的命令，可以连续使用，快捷键为 Ctrl + Z 组合键。在 按钮上单击鼠标右键，会显示当前所执行过的一些步骤，可以从中选择要撤销的步骤，如图 1-61 所示。

重复命令 ：用于恢复撤销的命令，可以连续使用，快捷键为 Ctrl + A 组合键。重复功能也有重复步骤的列表，使用方法与撤销命令相同。

图 1-61

1.10 物体的轴心控制

轴心控制是物体发生变换时的中心，只影响物体的旋转和缩放。物体的轴心控制包括 3 种方式：使用轴心点控制 、使用选择中心 、使用变换坐标中心 。

1.10.1 使用轴心点控制

把被选择对象自身的轴心点作为旋转、缩放操作的中心。如果选择了多个物体，则以每个物体各自的轴心点进行变换操作。如图 1-62 所示，3 个圆柱体按照自身的坐标中心旋转。

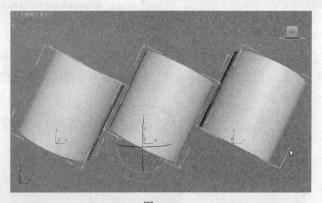

图 1-62

1.10.2 使用选择中心

把选择对象的公共轴心点作为物体旋转和缩放的中心。如图 1-63 所示，3 个圆柱体围绕一个共同的轴心点旋转。

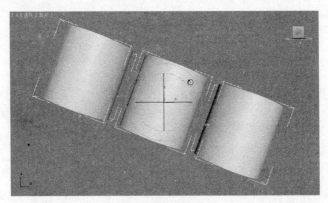

图 1-63

1.10.3　使用变换坐标中心

把选择的对象所使用当前坐标系的中心点作为被选择物体旋转和缩放的中心。例如，可以通过拾取坐标系统进行拾取，把被拾取物体的坐标中心作为选择物体的旋转和缩放中心。

下面仍通过 3 个圆柱体进行介绍，操作步骤如下。

（1）用鼠标框选右侧的两个圆柱体，然后选择坐标系统下拉列表框中的"拾取"选项，如图 1-64 所示。

（2）单击另一个茶壶，将两个茶壶的坐标中心拾取在一个茶壶上。

（3）对这两个茶壶进行旋转，会发现这两个茶壶的旋转中心是被拾取茶壶的坐标中心，如图 1-65 所示。

图 1-64

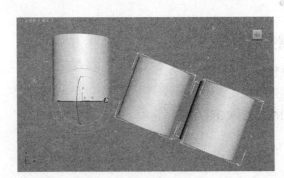

图 1-65

第2章

创建基本几何体

本章将介绍 3ds Max2012 中基本几何体的创建及其参数的修改。读者通过学习，可以掌握创建基本几何体的方法，并会使用基本几何体进行模型的创建。通过本章的学习，希望读者可以融会贯通，掌握图层的应用技巧，制作出具有想象力的模型效果。

课堂学习目标

- 创建标准几何体
- 创建扩展几何体
- 利用几何体搭建模型

2.1　创建标准几何体

学习 3ds Max2012 内置的基础模型是制作模型和场景的基础。我们平时见到的规模宏大的电影场景，绚丽的动画，都是由一些简单的几何体修改后得到的，只需通过对基本模型的节点、线和面的编辑修改，就能制作出想要的模型。认识和学习这些基础模型是以后学习复杂建模的前提和基础。

2.1.1　课堂案例——茶几的制作

【案例学习目标】熟悉长方体的创建、复制模型，并配合移动工具进行位置的调整。

【案例知识要点】使用长方体、对长方体进行复制、使用移动工具来完成模型的制作，如图 2-1 所示。

【模型文件所在位置】光盘/CH02/效果/茶几模型.max。

图 2-1

（1）首先制作桌面，单击"　＞　　＞　长方体　"按钮，在顶视图创建一个长方体，在参数面板中设置长方体的参数，如图 2-2 所示。

（2）按 Ctrl+V 组合键，在弹出的对话框中选择"复制"选项，使用"移动"工具 将其移动到合适的位置，如图 2-3 所示。

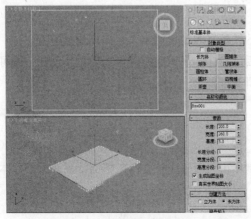

图 2-2

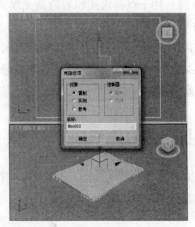

图 2-3

（3）继续复制模型调整模型的参数和位置，效果如图 2-4 所示。

（4）在场景中复制桌子的其他模型，设置参数并调整模型的位置，如图 2-5 所示。

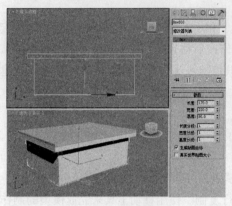　　　　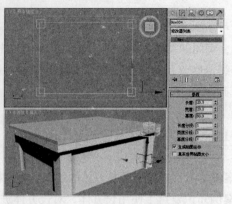

图 2-4　　　　　　　　　　　　　　　　　图 2-5

（5）继续复制模型，完成模型的创建，如图 2-6 所示。

图 2-6

制作模型时，还可以对长方体的位置和参数进行调节或在其他位置增加几何体，使模型更加形象。在以后的章节中会介绍更多的几何体，利用它们可以制作出更复杂、更接近现实的物品。

接下来介绍 3 个重要的功能键，它们对以后建模会有很大的帮助。

F3 键：用于线框模式和着色高光模式的切换。

F4 键：用于线框模式的切换。

这两种模式的切换能在建模时把几何体的线框直观地显示出来，提高建模速度。

Delete 键：用于删除物体。创建或修改后的物体如果发生错误而需要重新创建，则可以对物体进行删除。选择物体后按 Delete 键，物体即被删除。

2.1.2　长方体

长方体是最基础的标准几何物体，用于制作正六面体或长方体。下面就来介绍长方体的创建方法及其参数的设置和修改。

1．创建长方体

创建长方体有两种方法：一种是立方体创建方法；另一种是长方体创建方法，如图 2-7 所示。

图 2-7

立方体创建方法：以正方体方式创建，操作简单，但只限于创建正方体。

长方体创建方法：以长方体方式创建，是系统默认的创建方法，用法比较灵活。

长方体的创建方法比较简单，也比较典型，是学习创建其他几何体的基础。操作步骤如下。

（1）单击" ：：： > ◯ > 长方体 "按钮， 长方体 表示该创建命令被激活。

（2）移动光标到适当的位置，单击并按住鼠标左键不放拖曳光标，视图中生成一个方形平面，如图 2-8 所示，松开鼠标左键并上下移动光标，方体的高度会跟随光标的移动而增减，在合适的位置单击鼠标左键，长方体创建完成，如图 2-9 所示。

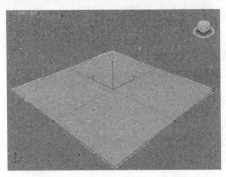
图 2-8

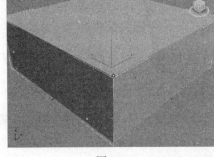
图 2-9

2．长方体的参数

单击长方体将其选中，然后单击 ⟋ 按钮，在修改命令面板中会显示长方体的参数，如图 2-10 所示。

名称和颜色用于显示长方体的名称和颜色，如图 2-11 所示。在 3ds Max 2012 中创建的所有几何体都有此项参数，用于给物体指定名称和颜色，便于以后选取和修改。单击右边的颜色框 ■，弹出"对象颜色"对话框，如图 2-12 所示。此窗口用于设置几何体的颜色，单击颜色块选择合适的颜色后，单击 确定 按钮完成设置，单击 取消 按钮则取消颜色设置。单击 添加自定义颜色... 按钮，可以自定义颜色。

图 2-10

图 2-11

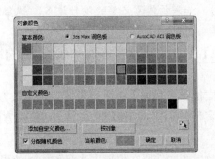
图 2-12

键盘建模方式，如图 2-13 所示。对于简单的基本建模，使用键盘创建方式比较方便，直接在面板中输入几何体的创建参数，然后单击 [创建] 按钮，视图中会自动生成该几何体。如果创建较为复杂的模型，建议使用手动方式建模。

以上各参数是几何体的公共参数。

基本参数设置卷展栏用于调整物体的体积、形状以及表面的光滑度，如图 2-14 所示。在参数的数值框中可以直接输入数值进行设置，也可以利用数值框旁边的微调器 ‍ 进行调整。

图 2-13   图 2-14

长度/宽度/高度：确定长、宽、高三边的长度。

长度/宽度/高度分段：控制长、宽、高三边上的段数，段数越多，表面就越细腻。

生成贴图坐标：自动指定贴图坐标。

3. 参数的修改

长方体的参数比较简单，修改的参数也比较少，在设置好修改参数后，按 Enter 键确认，即可得到修改后的效果，见表 2-1。

表 2-1

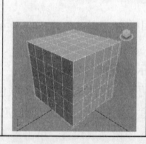

技巧 几何体的分段数是控制几何体表面光滑程度的参数，段数越多，表面就越光滑。但要注意的是，并不是段数越多越好，应该在不影响几何体形体的前提下将段数降到最低。在进行复杂建模时，如果物体不必要的段数过多，就会影响建模和后期渲染的速度。

2.1.3　课堂案例——木桌椅的制作

【案例学习目标】熟悉长方体、切角长方体的创建，并配合移动、旋转工具进行位置的调整。

【案例知识要点】使用长方体、切角长方体、移动工具和旋转工具完成模型的制作，如图 2-15 所示。

【效果图文件所在位置】光盘/CH02/效果/木桌椅模型.max。

图 2-15

（1）单击"　＞　＞ 扩展基本体 ＞　切角长方体　"按钮，在顶视图中创建一个切角长方体，在参数面板中设置切角长方体的参数，如图 2-16 所示。

（2）单击"　＞　＞ 标准基本体 ＞　长方体　"按钮，在顶视图中创建长方体，并设置模型的参数，如图 2-17 所示。

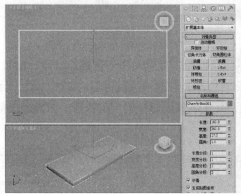

图 2-16　　　　　　　　　　　　　　　　　　　　图 2-17

（3）对模型进行复制，并调整模型的位置，如图 2-18 所示。

（4）单击"　＞　＞标准基本体＞　长方体　"按钮，在前视图中创建短横撑模型，并设置模型的参数，然后在场景中对模型进行复制，调整模型的位置，如图 2-19 所示。

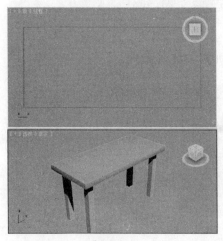

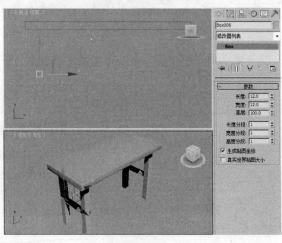

图 2-18　　　　　　　　　　　　　　　　　　　　图 2-19

（5）单击" > ◯ >标准基本体> 长方体 "按钮，在视图中创建合适参数的长方体，在场景中调整模型的位置，并对模型进行复制，如图 2-20 所示。

（6）单击" ✳ > ◯ >扩展基本体> 切角长方体 "按钮，在顶视图中创建切角长方体，设置合适的参数，并调整模型的位置，如图 2-21 所示。

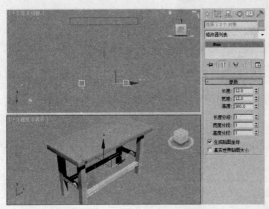

图 2-20

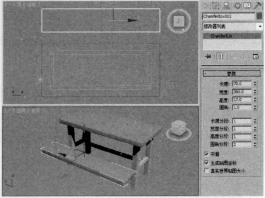

图 2-21

（7）单击" ✳ > ◯ >标准基本体> 长方体 "按钮，在顶视图中创建长方体，设置合适的参数，使用◯（选择并旋转）工具，在场景中旋转模型，调整模型的位置，如图 2-22 所示。、

（8）在前视图中创建长方体，设置合适的参数，并在场景中调整模型的位置，作为座位横撑，复制模型，如图 2-23 所示。

图 2-22

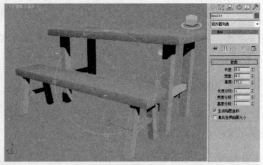

图 2-23

（9）完成椅子模型后，对椅子模型进行复制，效果如图 2-24 所示。

图 2-24

技巧 从上面的制作过程中可以看出，所有几何体并不是都在一个视图中进行创建和编辑的，选择合适的视图创建几何体能在复杂建模中节省大量时间，而且调整位置也比较容易。

2.1.4 圆锥体

圆锥体用于制作圆锥、圆台、四棱锥和棱台以及它们的局部。下面就来介绍圆锥体的创建方法及其参数的设置和修改。

1. 创建圆锥体

创建圆锥体同样有两种方法：一种是边创建方法；另一种是中心创建方法，如图 2-25 所示。

图 2-25

边创建方法：以边界为起点创建圆锥体，在视图中以光标所单击的点作为圆锥体底面的边界起点，随着光标的拖曳始终以该点作为圆锥体的边界。

中心创建方法：以中心为起点创建圆锥体，系统将采用在视图中第一次单击鼠标的点作为圆锥体底面的中心点，是系统默认的创建方式。

创建圆锥体比创建长方体多一个步骤，具体操作步骤如下。

（1）单击"　＞　◯　＞　**圆锥体**"按钮。

（2）移动光标到适当的位置，单击并按住鼠标左键不放拖曳光标，视图中生成一个圆形平面，如图 2-26 所示，松开鼠标左键并上下移动，锥体的高度会跟随光标的移动而增减，如图 2-27 所示，在合适的位置单击鼠标左键，再次移动光标，调节顶端面的大小，单击鼠标左键完成创建，如图 2-28 所示。

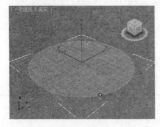
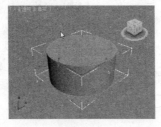
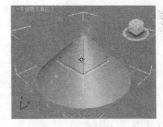

图 2-26   图 2-27   图 2-28

2. 圆锥体的参数

单击圆锥体将其选中，然后单击"修改"按钮，参数命令面板中会显示圆锥体的参数，如图 2-29 所示。

半径 1：设置圆锥体底面的半径。

半径 2：设置圆锥体顶面的半径（若半径 2 不为 0，则圆锥体变为圆台体）。

高度：设置圆锥体的高度。

高度分段：设置圆锥体在高度上的段数。

端面分段：设置圆锥体在两端平面、上底面和下底面沿半径方向上的段数。

边数：设置圆锥体端面圆周上的片段划分数。值越高，圆锥体越光滑。

对四棱锥来说，边数决定它属于几四棱锥。

图 2-29

平滑：表示是否进行表面光滑处理。开启时，产生圆锥、圆台，关闭时，产生四棱锥、棱台。

启用切片：表示是否进行局部切片处理。

切片起始位置：确定切除部分的起始幅度。

切片结束位置：确定切除部分的结束幅度。

3．参数的修改

圆锥体的参数大部分和长方体相同。值得注意的是，两半径都不为 0 时，圆锥体会变为圆台。开启光滑选项可以使几何体表面光滑，这也和几何体的段数有关。减少段数会使几何体形状发生很大变化。设置好修改参数后，按 Enter 键确认，即可得到修改后的效果，见表2-2。

表2-2

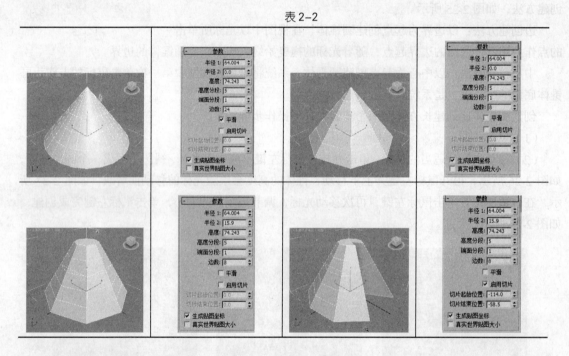

2.1.5　球体

球体可以制作面状或光滑的球体，也可以制作局部球体。下面介绍球体的创建方法及其参数的设置和修改。

1．创建球体

创建球体的方法也有两种，与锥体相同，这里就不再介绍了。

球体的创建非常简单，具体操作步骤如下。

（1）单击"　＊　＞　○　＞　球体　"按钮。

（2）移动光标到适当的位置，单击并按住鼠标左键不放拖曳光标，在视图中生成一个球体，移动光标可以调整球体的大小，在适当位置松开鼠标左键，球体创建完成，如图2-30所示。

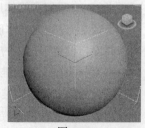

图2-30

2. 球体的参数

单击球体将其选中，然后单击"修改"按钮 ⟋，修改命令面板中会显示球体的参数，如图 2-31 所示。

半径：设置球体的半径大小。

分段：设置表面的段数，值越高，表面越光滑，造型也越复杂。

平滑：是否对球体表面自动光滑处理（系统默认是开启的）。

半球：用于创建半球或球体的一部分。其取值范围为 0 ~ 1。默认为 0.0，表示建立完整的球体，增加数值，球体被逐渐减去。值为 0.5 时，制作出半球体，值为 1.0 时，球体全部消失。

切除/挤压：在进行半球系数调整时发挥作用。用于确定球体被切除后，原来的网格划分也随之切除或者仍保留但被挤入剩余的球体中。

其他参数请参见前面章节的参数说明。

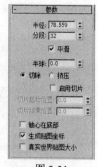

图 2-31

3. 参数的修改

设置好修改参数后，按 Enter 键，即可得到修改后的效果。球体的参数修改见表 2-3。

表 2–3

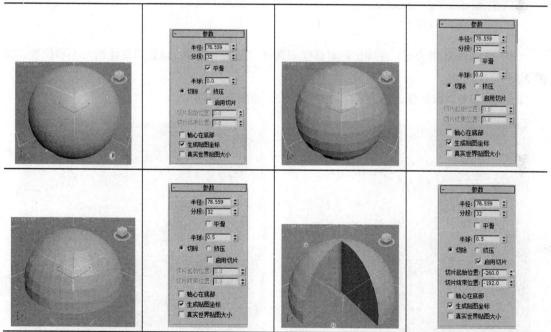

2.1.6　课堂案例——圆桌的制作

【案例学习目标】通过几何体的组合来制作模型。

【案例知识要点】使用圆柱体、移动工具和旋转工具来完成模型的制作，如图 2-32 所示。

【效果图文件所在位置】光盘/CH02/效果/圆桌模型.max。

（1）选择"文件 > 重置"命令进行系统重新设定。

图 2-32

（2）右键单击顶视图，单击"* > ○ > 圆柱体"按钮，在"键盘输入"卷展栏中设置创建参数，如图 2-33 所示。单击 创建 按钮完成桌面的创建，然后单击视图控制区中的"所有视图最大化显示"按钮田，使长方体最大化显示。

（3）设置圆柱体合适的分段，如图 2-34 所示。

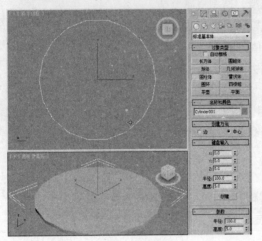

图 2-33

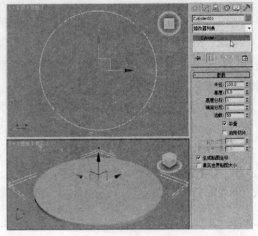

图 2-34

（4）按 Ctrl+V 组合键，在弹出的对话框中选择"复制"选项，设置圆柱体的大小和位置，如图 2-35 所示。

（5）继续复制圆柱体，并设置合适的分段数，如图 2-36 所示。

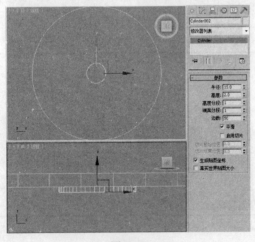

图 2-35

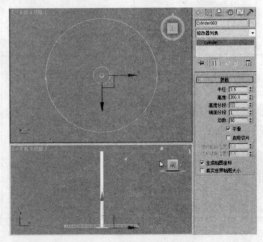

图 2-36

（6）在场景中调整圆柱体的位置，将其作为腿，为模型施加"编辑网格"修改器，将选择集定义为"顶点"，在场景中调整顶点的位置，通过调整顶点调整出模型的形状，如图 2-37 所示。

（7）在场景中激活顶视图，在场景中查看中心的位置，并设置其模型的"阵列"，以实例的方式进行阵列复制，如图 2-38 所示。

（8）如果对圆桌腿不满意，可以再次对其进行调整，如图 2-39 所示。

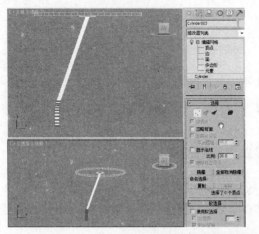

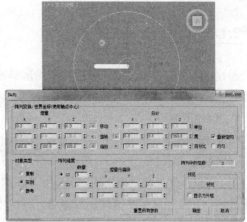

图 2-37　　　　　　　　　　　　　　　　　　　图 2-38

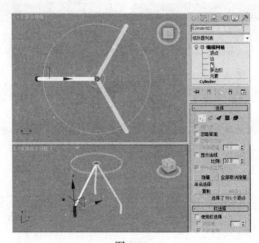

图 2-39

（9）创建圆柱体，并设置合适的参数，在场景中调整模型的位置，作为腿的塑料垫，对模型进行复制，如图 2-40 所示。

（10）完成的模型如图 2-41 所示。

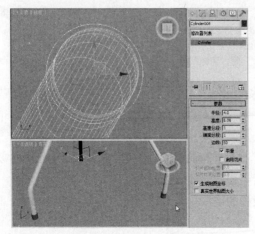

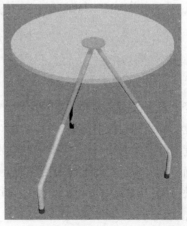

图 2-40　　　　　　　　　　　　　　　　　　　图 2-41

2.1.7 圆柱体

圆柱体用于制作棱柱体、圆柱体和局部圆柱体。下面来介绍圆柱体的创建方法以及参数的设置和修改。

1. 创建圆柱体

圆柱体的创建方法与长方体的创建方法基本相同，具体操作步骤如下。

（1）单击" > > 圆柱体 "按钮。

（2）将鼠标光标移到视图中，单击并按住鼠标左键不放拖曳光标，视图中出现一个圆形平面。在适当的位置松开鼠标左键并上下移动，圆柱体高度会跟随光标的移动而增减，在适当的位置单击，圆柱体创建完成，如图 2-42 所示。

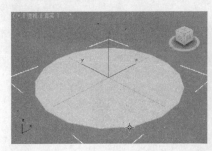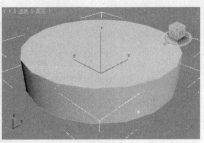

图 2-42

2. 圆柱体的参数

单击圆柱体将其选中，然后单击 按钮，修改命令面板中会显示圆柱体的参数，如图 2-43 所示。

图 2-43

半径：设置底面和顶面的半径。

高度：确定圆柱体的高度。

高度分段：确定圆柱体在高度上的段数。如果要弯曲柱体，高度段数可以产生光滑的弯曲效果。

端面分段：确定在圆柱体两个端面上沿半径方向的段数。

边数：确定圆周上的片段划分数，即棱柱的边数，对于圆柱体，边数越多越光滑。其最小值为 3，此时圆柱体的截面为三角形。

其他参数请参见前面章节的参数说明。

3. 参数的修改

圆柱体的参数修改比较简单，在设置好修改参数后，按 Enter 键确认，即可得到修改后的效果。圆柱体的参数修改见表 2-4。

表 2-4

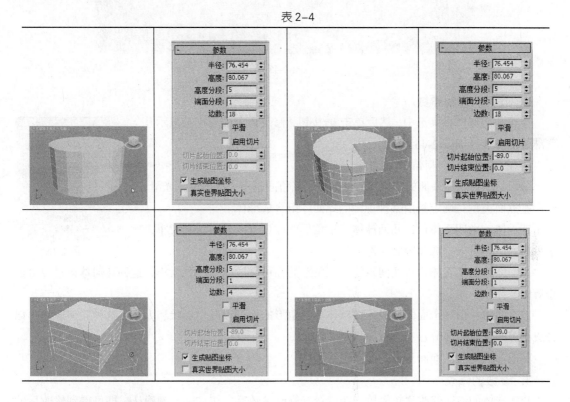

2.1.8 几何球体

几何球体用于建立以三角面相拼接而成的球体或半球体。下面来介绍几何球体的创建方法及其参数的设置和修改。

1. 创建几何球体

创建几何球体有两种方法：一种是直径创建方法；另一种是中心创建方法，如图 2-44 所示。

直径创建方法：以直径方式拉出几何球体。在视图中以第一次单击鼠标左键的点为起点，把光标的拖曳方向作为所创建几何球体的直径方向。

图 2-44

中心创建方法：以中心方式拉出几何球体。将在视图中第一次单击鼠标左键的点作为要创建的几何球体的圆心，拖曳光标的位移大小作为所要创建球体的半径。中心创建方法是系统默认的创建方式。

几何球体的创建方法与球体的创建方法相同，具体操作步骤如下。

（1）单击 " ⚹ > ◯ > 几何球体 " 按钮。

（2）将鼠标光标移到视图中，单击并按住鼠标左键不放拖曳光标，视图中生成一个几何球体，移动光标可以调整几何球体的大小，在适当位置松开鼠标左键，几何球体创建完成，如图 2-45 所示。

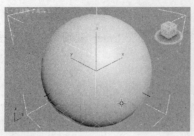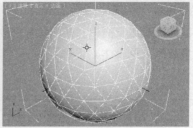

图 2-45

2．几何球体的参数

单击几何球体将其选中，然后单击  按钮，修改命令面板中会显示几
何球体的参数，如图 2-46 所示。

半径：确定几何球体的半径大小。

分段：设置球体表面的复杂度，值越大，三角面越多，球体也越光滑。

基点面类型：确定是由哪种规则的异面体组合成球体。

四面体：由四面体构成几何球体。三角形的面可以改变形状和大小，
这种几何球体可以分成相等的 4 部分。

图 2-46

八面体：由八面体构成几何球体。三角形的面可以改变形状和大小，这种几何球体可以分成
相等的 8 部分。

二十面体：由二十面体构成几何球体。三角形的面可以改变形状和大小，这种几何球体可以
分成相等的任意多部分。

其他参数请参见前面章节的参数说明。

3．参数的修改

几何球体的参数修改比较简单，在设置好修改参数后，按 Enter 键确认，即可得到修改后的
效果。几何球体的参数修改见表 2-5。

表 2-5

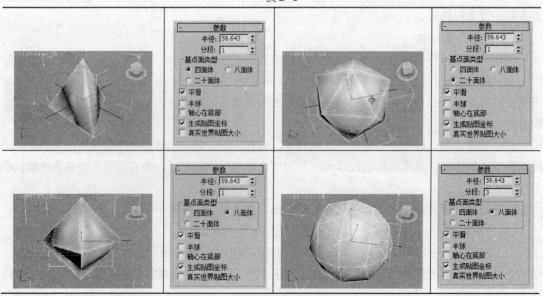

2.1.9 课堂案例——吸顶灯的制作

【案例学习目标】熟悉球体、圆柱体的参数修改，熟练使用移动工具。

【案例知识要点】使用球体、圆柱体、移动工具来完成模型的制作，如图 2-47 所示。

【效果图文件所在位置】光盘/CH02/效果/吸顶灯的制作.max。

（1）选择"文件 > 重置"命令进行系统重新设定，并将系统显示单位设置为毫米。

图 2-47

（2）单击" · > ○ > 球体 "按钮，在顶视图中创建模型，设置模型合适的参数，如图 2-48 所示。在"参数"卷展栏中设置"半球"参数，并选中"挤压"选项，如图 2-49 所示。

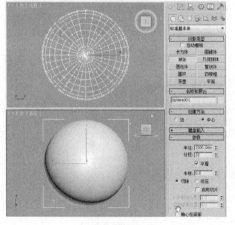

图 2-48

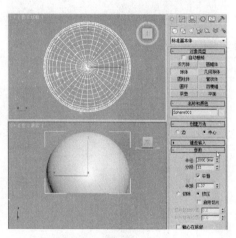

图 2-49

（3）在顶视图中创建圆柱体，如图 2-50 所示。设置圆柱体的参数，并调整模型的位置，如图 2-51 所示。

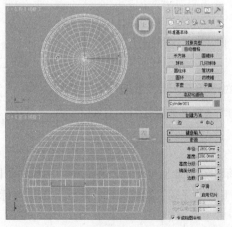

图 2-50

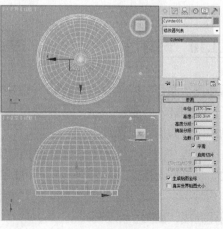

图 2-51

（4）使用选择并缩放 工具，在场景中缩放模型，如图 2-52 所示。在场景中选择模型，并使用镜像 工具，在场景中设置模型的角度，如图 2-53 所示。

（5）完成的吸顶灯模型如图 2-54 所示。

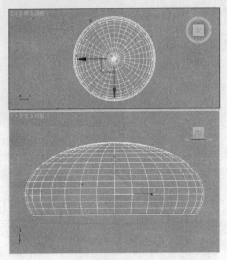

图 2-52

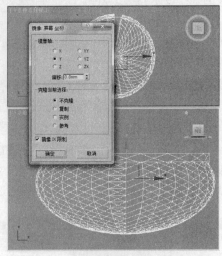

图 2-53

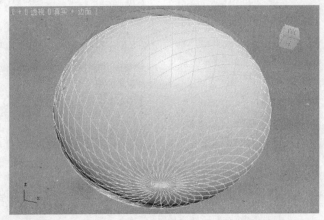

图 2-54

2.1.10　圆环

圆环用于制作立体圆环。下面来介绍圆环的创建方法及其参数的设置和修改。

1. 创建圆环

创建圆环的操作步骤如下。

（1）单击"   >   >   圆环   "按钮。

（2）将鼠标光标移到视图中，单击并按住鼠标左键不放拖曳光标，在视图中生成一个圆环，如图 2-55 所示。在适当的位置松开鼠标左键并上下移动光标，调整圆环的粗细，单击鼠标左键，圆环创建完成，如图 2-56 所示。

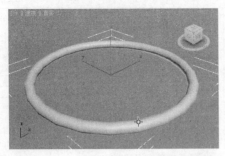

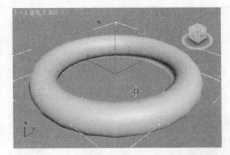

图 2-55　　　　　　　　　　　　　图 2-56

2．圆环的参数

单击圆环将其选中，然后单击 按钮，修改命令面板中会显示圆环的参数，如图 2-57 所示。

半径 1：设置圆环中心与截面正多边形中心的距离。

半径 2：设置截面正多边形的内径。

旋转：设置片段截面沿圆环轴旋转的角度，如果进行扭曲设置或以不光滑表面着色，则可以看到它的效果。

扭曲：设置每个截面扭曲的角度，并产生扭曲的表面。

分段：确定沿圆周方向上片段被划分的数目。值越大，得到的圆环越光滑，最小值为 3。

图 2-57

边数：确定圆环的侧边数。

平滑选项组：设置光滑属性，将棱边光滑，共有 4 种方式，即全部：对所有表面进行光滑处理；侧面：对侧边进行光滑处理；无：不进行光滑处理；分段：光滑每一个独立的面。

其他参数请参见前面章节的参数说明。

3．参数的修改

圆环的可调参数比较多，产生的效果差异也比较大，在设置好修改参数后，按 Enter 键确认，即可得到修改后的效果，见表 2-6。

表 2-6

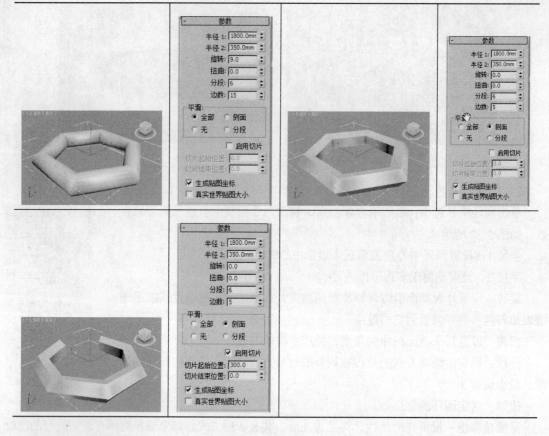

2.1.11　管状体

管状体用于建立各种空心管状体物体，包括管状体、棱管以及局部管状体。下面来介绍管状体的创建方法及其参数的设置和修改。

1．创建管状体

管状体的创建方法与其他几何体不同，操作步骤如下。

（1）单击"　＊　＞　○　＞　**管状体**　"按钮。

（2）将鼠标光标移到视图中，单击并按住鼠标左键不放拖曳光标，视图中出现一个圆，在适当的位置松开鼠标左键并上下移动光标，会生成一个圆环形面片，单击鼠标左键然后上下移动光标，管状体的高度会随之增减，在合适的位置单击鼠标左键，管状体创建完成，如图 2-58 所示。

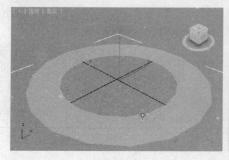
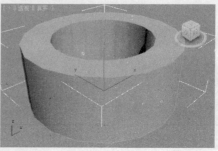

图 2-58

2．管状体的参数

单击管状体将其选中，然后单击 ，修改命令面板中会显示管状体的参数，如图 2-59 所示。

半径 1：确定管状体的内径大小。

半径 2：确定管状体的外径大小。

高度：确定管状体的高度。

高度分段：确定管状体高度方向的段数。

端面分段：确定管状体上下底面的段数。

边数：设置管状体侧边数的多少。值越大，管状体越光滑。对棱管来说，边数值决定其属于几棱管。

其他参数请参见前面章节的参数说明。

图 2-59

3．参数的修改

管状体的参数修改比较简单，在设置好修改参数后，按 Enter 键确认，即可得到修改后的效果。管状体的参数修改见表 2-7。

表 2-7

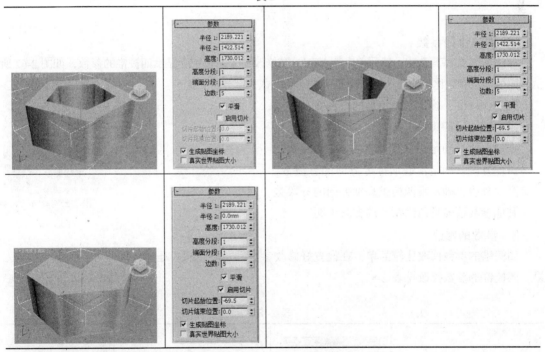

2.1.12　四棱锥

四棱锥用于建立锥体模型，是锥体的一种特殊形式。下面来介绍四棱锥的创建方法及其参数的设置和修改。

1．创建四棱锥

四棱锥的创建方法有两种：一种是基点/顶点创建方法；另一种是中心创建方法，如图 2-60 所示。

图 2-60

基点/顶点创建方法：系统把第一次单击鼠标左键时光标所处位置的点作为四棱锥的底面点或顶点，是系统默认的创建方式。

中心创建方法：系统把第一次单击鼠标左键时光标所处位置的点作为四棱锥底面的中心点。

四棱锥的创建方法比较简单，和圆柱体的创建方法比较相似，操作步骤如下。

（1）单击"　>　○　>　四棱锥　"按钮。

（2）将鼠标光标移到视图中，单击并按住鼠标左键不放拖曳光标，视图中生成一个正方形平面，在适当的位置松开鼠标左键并上下移动光标，调整四棱锥的高度，然后单击鼠标左键，四棱锥创建完成，如图 2-61 所示。

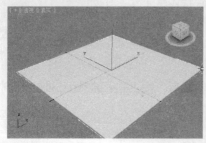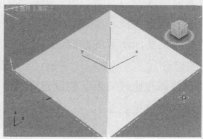

图 2-61

2．四棱锥的参数

单击四棱锥将其选中，然后单击　按钮，在修改命令面板中会显示四棱锥的参数，如图 2-62 所示。四棱锥的参数比较简单，与前面章节讲到的参数大部分都相似。

宽度、深度：确定底面矩形的长和宽。

高度：确定四棱锥的高。

宽度分段：确定沿底面宽度方向的分段数。

深度分段：确定沿底面深度方向的分段数。

高度分段：确定沿四棱锥高度方向的分段数。

其他参数请参见前面章节的参数说明。

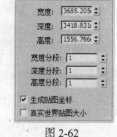

图 2-62

3．参数的修改

四棱锥的参数修改比较简单，在设置好修改参数后，按 Enter 键确认，即可得到修改后的效果。四棱锥的参数修改见表 2-8。

表 2-8

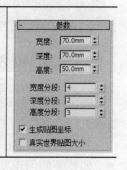

2.1.13　茶壶

茶壶用于建立标准的茶壶造型或者茶壶的一部分。下面来介绍茶壶的创建方法及其参数的设置和修改。

1．创建茶壶
茶壶的创建方法与球体的创建方法相似，步骤如下。

（1）单击"　*　>　○　>　　茶壶　　"按钮。

（2）将鼠标光标移到视图中，单击并按住鼠标左键不放拖曳光标，视图中生成一个茶壶，上下移动光标调整茶壶的大小，在适当的位置松开鼠标左键，茶壶创建完成，如图 2-63 所示。

图 2-63

2．茶壶的参数
单击茶壶将其选中，然后单击　按钮，在修改命令面板中会显示茶壶的参数，如图 2-64 所示。茶壶的参数比较简单，利用参数的调整，可以把茶壶拆分成不同的部分。

半径：确定茶壶的大小。

分段：确定茶壶表面的划分精度，值越大，表面越细腻。

平滑：是否自动进行表面光滑处理。

茶壶部件：设置各部分的取舍，分为壶体、壶把、壶嘴和壶盖 4 部分。

其他参数请参见前面章节的参数说明。

图 2-64

3．参数的修改
茶壶的参数修改比较简单，在设置好修改参数后，按 Enter 键确认，即可得到修改后的效果。茶壶参数的修改见表 2-9。

表 2-9

  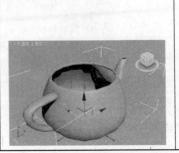 

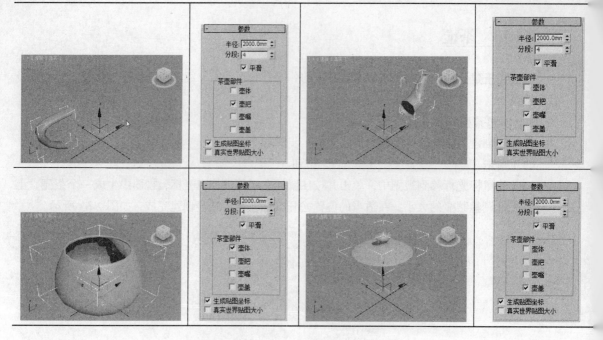

2.1.14 平面

平面用于在场景中直接创建平面对象，可以用于建立地面和场地等，使用起来非常方便。下面来介绍平面的创建方法及其参数设置。

1．创建平面

创建平面有两种方法：一种是矩形创建方法；另一种是正方形创建方法，如图 2-65 所示。

矩形创建方法：分别确定两条边的长度，创建长方形平面。

正方形创建方法：只需给出一条边的长度，创建正方形平面。

创建平面的方法和创建球体的方法相似，操作步骤如下。

图 2-65

（1）单击" ∗ > ◯ > 平面 "按钮。

（2）将鼠标光标移到视图中，单击并按住鼠标左键不放拖曳光标，视图中生成一个平面，调整至适当的大小后松开鼠标左键，平面创建完成，如图 2-66 所示。

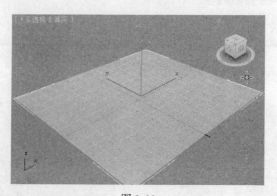

图 2-66

2. 平面的参数

单击平面将其选中，然后单击 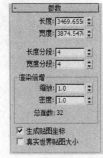 按钮，在修改命令面板中会显示平面的参数，如图 2-67 所示。

长度、宽度：确定平面的长、宽，以决定平面的大小。

长度分段：确定沿平面长度方向的分段数，系统默认值为 4。

宽度分段：确定沿平面宽度方向的分段数，系统默认值为 4。

渲染倍增：只在渲染时起作用，可进行如下两项设置。缩放：渲染时平面的长和宽均以该尺寸比例倍数扩大；密度：渲染时平面的长和宽方向上的分段数均以该密度比例倍数扩大。

总面数：显示平面对象全部的面片数。

平面参数的修改非常简单，本书就不在此进行介绍了。

图 2-67

2.2　创建扩展几何体

扩展几何体是比标准几何体更复杂的几何体，可以说是标准几何体的延伸，具有更加丰富的形态，在建模过程中也被频繁地使用，并被用于建造更加复杂的三维模型。

2.2.1　课堂案例——沙发的制作

【案例学习目标】熟悉切角长方体、切角圆柱体的参数修改，熟练使用移动、旋转工具。

【案例知识要点】使用切角长方体、切角圆柱体、移动工具和旋转工具完成模型的制作，如图 2-68 所示。

【效果图文件所在位置】光盘/CH02/效果/沙发模型.max。

图 2-68

（1）选择"文件 > 重置"命令进行系统重新设定，并将系统显示单位设置为毫米。

（2）单击" ❋ > ◯ > 扩展基本体 > 切角长方体 "按钮，在顶视图中创建模型，设置模型合适的参数，如图 2-69 所示。

（3）按 Ctrl+V 组合键，复制模型，调整模型的角度和位置，如图 2-70 所示。

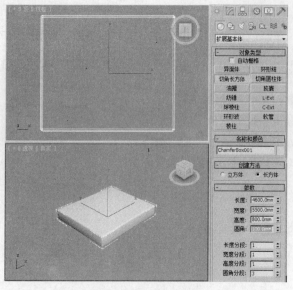

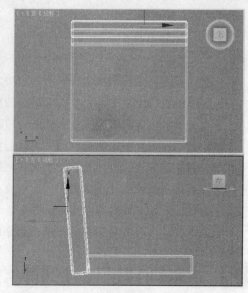

图 2-69   图 2-70

（4）单击"✱ > ◯ >标准基本体> 圆柱体 "按钮，在前视图中创建圆柱体，设置合适的参数，如图 2-71 所示。

（5）为场景中的圆柱体施加"FFD 4×4×4"修改器，将选择集定义为"控制点"，在场景中缩放控制点，如图 2-72 所示。修改器的应用在后面的章节中将为大家介绍，这里不详细介绍了。

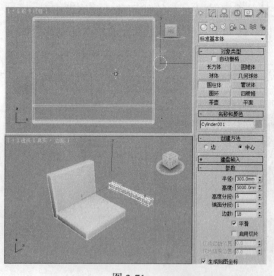

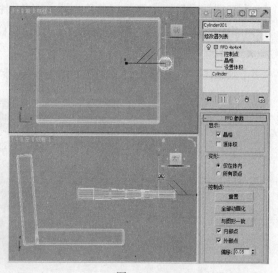

图 2-71   图 2-72

（6）在场景中按住 Shift 键，使用旋转工具 ◌ 旋转复制模型，如图 2-73 所示。

（7）复制沙发腿模型，创建切角长方体，作为支架，如图 2-74 所示。

（8）复制切角长方体，如图 2-75 所示。

（9）完成的沙发模型如图 2-76 所示。

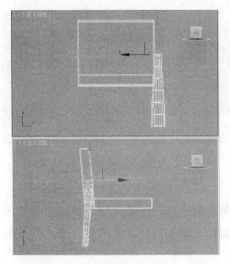

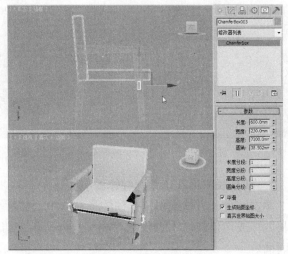

图 2-73　　　　　　　　　　　　　　　　图 2-74

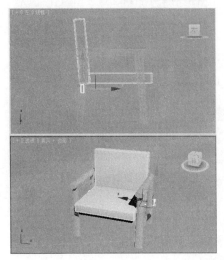

图 2-75　　　　　　　　　　　　　　　　图 2-76

2.2.2　切角长方体和切角圆柱体

切角长方体和切角圆柱体用于直接产生带切角的立方体和圆柱体。下面介绍切角长方体和切角圆柱体的创建方法及其参数的设置和修改。

1．创建切角长方体和切角圆柱体

切角长方体和切角圆柱体的创建方法是相同的，两者都具有圆角的特性，这里以切角长方体为例对创建方法进行介绍，操作步骤如下。

（1）单击"　※　＞　○　＞　切角长方体　"按钮。

（2）将鼠标光标移到视图中，单击并按住鼠标左键不放拖曳光标，视图中生成一个长方形平面，如图 2-77 所示，在适当的位置松开鼠标左键并上下移动光标，调整其高度，如图 2-78 所示，单击鼠标左键后再次上下移动光标，调整其圆角的系数，再次单击鼠标左键，切角长方体创建完成，如图 2-79 所示。

53

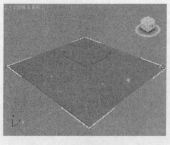
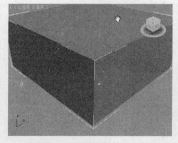

图 2-77	图 2-78	图 2-79

2．切角长方体和切角圆柱体的参数

单击切角长方体或切角圆柱体将其选中，然后单击 按钮，在修改命令面板中会显示切角长方体或切角圆柱体的参数，如图 2-80 所示，切角长方体和切角圆柱体的参数大部分都是相同的。

（a）切角长方体的参数面板　　　（b）切角圆柱体的参数面板

图 2-80

圆角：设置切角长方体（切角圆柱体）的圆角半径，确定圆角的大小。

圆角分段：设置圆角的分段数，值越高，圆角越圆滑。

其他参数请参见前面章节的参数说明。

3．参数的修改

切角长方体和切角圆柱体的参数比较简单，参数的修改也比较直观，见表 2-10。

表 2-10

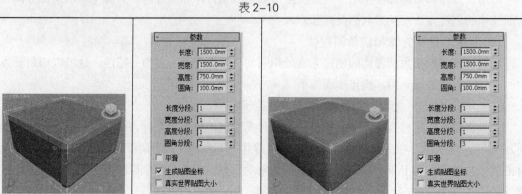

2.2.3　异面体

异面体用于创建各种具备奇特表面的异面体。下面介绍异面体的创建方法及其参数的设置和修改。

1．创建异面体

异面体的创建方法和球体的创建方法相似，操作步骤如下。

（1）单击"　＞　　＞　　异面体　　"按钮。

（2）将鼠标光标移到视图中，单击并按住鼠标左键不放拖曳光标，视图中生成一个异面体，上下移动光标调整异面体的大小，在适当的位置松开鼠标左键，异面体创建完成，如图2-81所示。

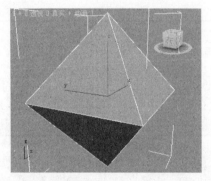

图 2-81

2．异面体的参数

单击异面体将其选中，然后单击　按钮，在修改命令面板中会显示异面体的参数，如图2-82所示。

系列：该组参数中提供了5种基本形体方式供选择，它们都是常见的异面体，见表2-11。表中从左至右依次为：四面体、立方体/八面体、十二面体/二十面体、星形1、星形2。其他许多复杂的异面体都可以由它们通过修改参数变形而得到。

系列参数：利用 P、Q 选项，可以通过两种途径分别对异面体的顶点和面进行双向调整，从而产生不同的造型。

轴向比率：异面体的表面都是由 3 种类型的平面图形拼接而成的，包括三角形、矩形和五边形。这里的 3 个调节器（P、Q、R）是分别调节各自比例的。 重置 按钮可使数值回复到默认值（系统默认值为 100）。

　　基点：用于确定异面体内部顶点的创建方式，作用是决定异面体的内部结构，其中"基点"参数确定使用基点的方式，使用中心或中心和边方式则产生较少的顶点，且得到的异面体也比较简单。

　　半径：用于设置异面体的大小。

　　其他参数请参见前面章节的参数说明。

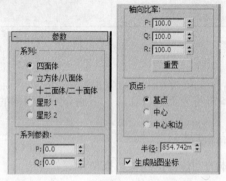

图 2-82

3．参数的修改

异面体的参数较多，修改后的异面体形状多变，见表 2-11。

表 2-11

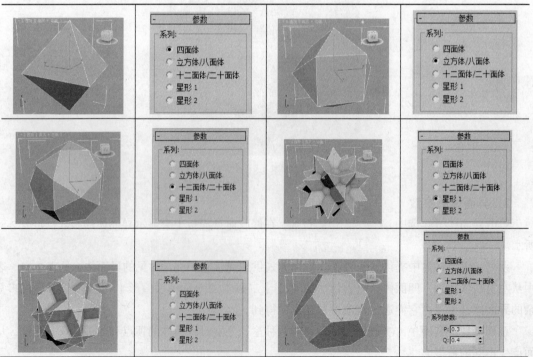

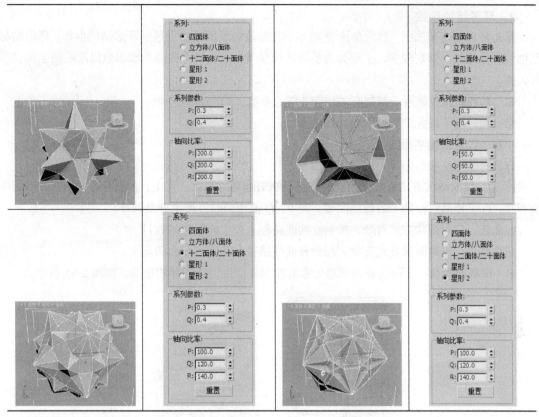

2.2.4 环形结

环形结是扩展几何体中较为复杂的一个几何形体，通过调节它的参数，可以制作出种类繁多的特殊造型。下面介绍环形结的创建方法及其参数的设置和修改。

1．创建环形结

环形结的创建方法和圆环的创建方法比较相似，操作步骤如下。

（1）单击" > > 环形结"按钮。

（2）将鼠标光标移到视图中，单击并按住鼠标左键不放拖曳光标，视图中生成一个环形结，在适当的位置松开鼠标左键并上下移动光标，调整环形结的粗细，然后单击鼠标左键，环形结创建完成，如图 2-83 所示。

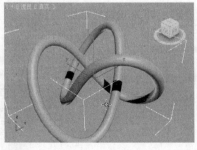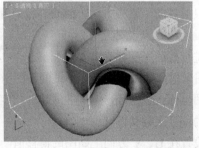

图 2-83

2．环形结的参数

单击环形结将其选中，然后单击 ✍ 按钮，在修改命令面板中会显示环形结的参数。环形结与其他几何体相比，参数较多，主要分为基础曲线参数、横截面参数、光滑参数以及贴图坐标参数几大类。

⊙ 基础曲线参数用于控制有关环绕曲线的参数，如图 2-84 所示。

结、圆：用于设置创建环形结或标准圆环。

半径：设置曲线半径的大小。

分段：确定在曲线路径上的分段数。

P、Q：仅对结状方式有效，控制曲线路径蜿蜒缠绕的圈数。其中，P 值控制 Z 轴方向上的缠绕圈数，Q 值控制路径轴上的缠绕圈数。当 P、Q 值相同时，产生标准圆环。

扭曲数：仅对圆状方式有效，控制在曲线路径上产生的弯曲的数目。

扭曲高度：仅对圆状方式有效，控制在曲线路径上产生的弯曲的高度。

⊙ 横截面参数用于通过截面图形的参数控制来产生形态各异的造型，如图 2-85 所示。

图 2-84　　　　　　　　　图 2-85

半径：设置截面图形的半径大小。

边数：设置截面图形的边数，确定圆滑度。

偏心率：设置截面压扁的程度，当其值为 1 时截面为圆，其值不为 1 时截面为椭圆。

扭曲：设置截面围绕曲线路径扭曲循环的次数。

块：设置在路径上所产生的块状突起的数目。只有当块高度大于 0 时，才能显示出效果。

块高度：设置块隆起的高度。

块偏移：在路径上移动块，改变其位置。

⊙ 平滑参数用于控制造型表面的光滑属性，如图 2-86 所示。

全部：对整个造型进行光滑处理。

图 2-86

侧面：只对纵向（路径方向）的面进行光滑处理，即只光滑环形结的侧边。

无：不进行表面光滑处理。

⊙ 贴图坐标参数用于指定环形结的贴图坐标，如图 2-87 所示。

生成贴图坐标：根据环形结的曲线路径指定贴图坐标，需要指定贴图在路径上的重复次数和偏移值。

偏移：设置在 U、V 方向上贴图的偏移值。

平铺：设置在 U、V 方向上贴图的重复次数。

图 2-87

其他参数请参见前面章节的参数说明。

3．参数的修改

环形结的参数比其他几何体的参数复杂，对其修改后能产生很多特殊的形体，见表 2-12。

表 2-12

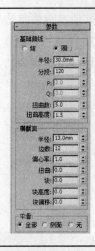

2.2.5　油罐、胶囊和纺锤

油罐、胶囊和纺锤这 3 个几何体都具有圆滑的特性，它们的创建方法和参数也有相似之处。下面介绍油罐、胶囊和纺锤的创建方法及其参数的设置和修改。

1．创建油罐、胶囊和纺锤

油罐、胶囊和纺锤的创建方法相似，这里以油罐为例来介绍这 3 个几何体的创建方法，操作步骤如下。

（1）单击"*　>　○　>　　油罐　　*"按钮。

（2）将鼠标光标移到视图中，单击并按住鼠标左键不放拖曳光标，视图中生成油罐的底部，如图 2-88 所示，在适当的位置松开鼠标左键并移动光标，调整油罐的高度，如图 2-89 所示，单击鼠标左键，移动光标调整切角的系数，再次单击鼠标左键，油罐创建完成，如图 2-90 所示。使用相似的方法可以创建出胶囊和纺锤。

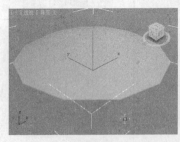

图 2-88　　　　　　　　　　　　　图 2-89　　　　　　　　　　　　　图 2-90

2．油罐、胶囊和纺锤的参数

单击油罐（胶囊或纺锤）将其选中，然后单击 按钮，在修改命令面板中会显示其参数，如图 2-91 所示，这 3 个几何体的参数大部分都相似。

封口高度：设置两端凸面顶盖的高度。

总体：测量几何体的全部高度。

中心：只测量柱体部分的高度，不包括顶盖高度。

混合：设置顶盖与柱体边界产生的圆角大小，圆滑顶盖的柱体边缘。

高度分段：设置圆锥顶盖的段数。

其他参数请参见前面章节的参数说明。

（a）油罐的参数面板　　（b）胶囊的参数面板　　（c）纺锤的参数面板

图 2-91

3．参数的修改

油罐、胶囊和纺锤的参数修改比较简单，见表 2-13。

表 2-13

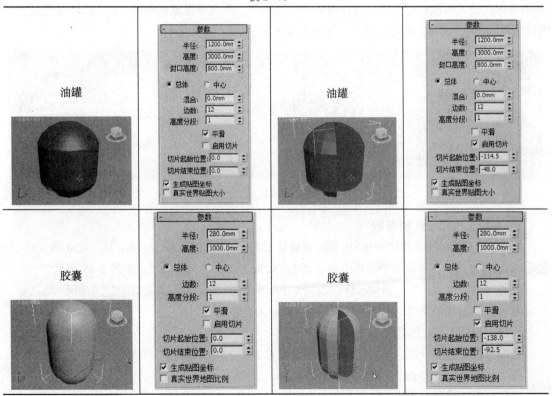

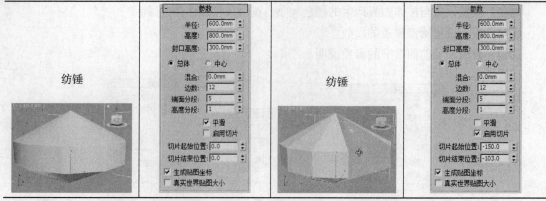

2.2.6　L–Ext 和 C–Ext

L-Ext 和 C-Ext 都主要用于建筑快速建模，结构比较相似。下面来介绍 L-Ext 和 C-Ext 的创建方法及其参数的设置和修改。

1. 创建 L-Ext 和 C-Ext

L-Ext 和 C-Ext 的创建方法基本相同，在此以 L-Ext 为例介绍创建方法，操作步骤如下。

（1）单击"　>　○　>　L-Ext　"按钮。

（2）将鼠标光标移到视图中，单击并按住鼠标左键不放拖曳光标，视图中生成一个 L 形平面，如图 2-92 所示，在适当的位置松开鼠标左键并上下移动光标，调整墙体的高度，如图 2-93 所示，单击鼠标左键，再次移动光标，可以调整墙体的厚度，再次单击鼠标左键，L-Ext 创建完成，如图 2-94 所示。使用相同的方法可以创建出 C-Ext。

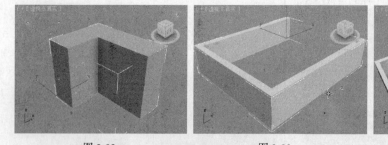

図 2-92　　　　　　　　　　　　图 2-93　　　　　　　　　　　　图 2-94

2. L-Ext 和 C-Ext 的参数

L-Ext 和 C-Ext 的参数比较相似，但 C-Ext 比 L-Ext 的参数多，单击 L-Ext 或 C-Ext 将其选中，然后单击　按钮，在修改命令面板中会显示 L-Ext 或 C-Ext 的参数面板，如图 2-95 所示。

背面长度、侧面长度、前面长度：设置 C-Ext 3 边的长度，以确定底面的大小和形状。

背面宽度、侧面宽面、前面宽度：设置 C-Ext 3 边的宽度。

高度：设置 C-Ext 的高度。

背面分段、侧面分段、前面分段：分别设置 C-Ext 背面、侧面和前面在长度方向上的段数。

宽度分段：设置 C-Ext 在宽度方向上的段数。

高度分段：设置 C-Ext 在高度方向上的段数。

其他参数请参见前面章节的参数说明。L-Ext 和 C-Ext 的参数修改比较简单，在此就不作介绍了。

（a）L-Ext 的参数面板　　（b）C-Ext 的参数面板

图 2-95

2.2.7　软管

软管是一个柔性几何体，其两端可以连接到两个不同的对象上，并能反映出这些对象的移动。下面来介绍软管的创建方法及其参数的设置和修改。

1. 创建软管

软管的创建方法很简单，和方体基本相同，操作步骤如下。

（1）单击"　　> 　　> 　　软管　　"按钮。

（2）将鼠标光标移到视图中，单击并按住鼠标左键不放拖曳光标，视图中生成一个多边形平面，在适当的位置再次单击鼠标左键并上下移动光标，调整软管的高度，单击鼠标左键，软管创建完成，如图 2-96 所示。

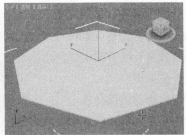

图 2-96

2. 软管的参数

单击软管将其选中，然后单击　按钮，在修改命令面板中会显示软管的参数。软管的参数众多，主要分为端点方法、绑定对象、自由软管参数、公用软管参数和软管形状 5 个选项组。

⊙　端点方法参数用于选择是创建自由软管，还是创建连接到两个对象上的软管，如图 2-97 所示。

自由软管：选择该单选项，则创建不绑定到任何其他物体上的软管，同时激活自由软管参数选项组。

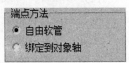

图 2-97

绑定到对象轴：选择该单选项，则把软管绑定到两个对象上，同时激活绑定对象选项组。

⊙　绑定对象参数只有在端点方法选项组中选中绑定到对象轴选项时才可用，如图 2-98 所示。可利用它来拾取两个捆绑对象，拾取完成后，软管将自动连接两个物体。

拾取顶部对象：单击该按钮后，顶部对象呈黄色表示处于激活状态，此时可在场景中单击顶部对象进行拾取。

拾取底部对象：单击该按钮后，底部对象呈黄色处于激活状态，此时可在场景中单击底部对象进行拾取。

图 2-98

张力：确定延伸到顶（底）部对象的软管曲线在（顶）底部对象附近的张力大小。张力越小，弯曲部分离底（顶）部对象越近，反之，张力越大，弯曲部分离底（顶）部对象越远。其默认值为 100。

⊙　自由软管参数只有在端点方法选项组中选中自由软管选项时才可用，如图 2-99 所示。

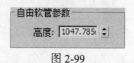

图 2-99

高度：用于调节软管的高度。

⊙　公用软管参数用于设置软管的形状和光滑属性等常用参数，如图 2-100 所示。

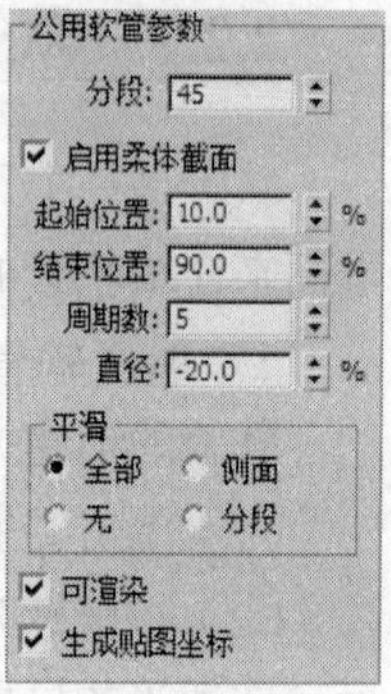

分段：设置软管在长度上总的段数。当软管是曲线时，增加其值将光滑软管的外形。

起始位置：设置从软管的起始点到弯曲开始部位这一部分所占整个软管的百分比。

结束位置：设置从软管的终止点到弯曲结束部位这一部分所占整个软管的百分比。

周期数：设置柔体截面中的起伏数目。

直径：设置皱状部分的直径相对于整个软管直径的百分比大小。

平滑选项组：用于调整软管的光滑类型。

全部：平滑整个软管（系统默认设置）。

侧面：仅平滑软管长度方向上的侧面。

无：不进行平滑处理。

分段：仅平滑软管的内部分段。

可渲染：选中该复选框，将无法渲染软管。

图 2-100

⊙　软管形状参数用于设置软管的横截面形状，如图 2-101 所示。

圆形软管：设置圆形横截面。

直径：设置圆形横截面的直径，以确定软管的大小。

边数：设置软管的侧边数。其最小值为 3，此时为三角形横截面。

长方形软管：可以指定不同的宽度和深度，设置长方形横截面。

宽度：设置软管长方形横截面的宽度。

深度：设置软管长方形横截面的深度。

圆角：设置长方形横截面 4 个拐角处的圆角大小。

圆角分段：设置每个长方形横截面拐角处的圆角分段数。

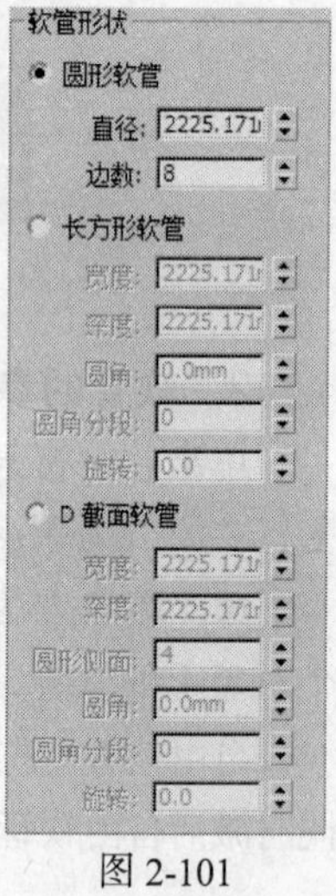

图 2-101

旋转：设置长方形软管绕其自身高度方向上的轴旋转的角度大小。

D 截面软管：与长方形横截面软管相似，只是其横截面呈 D 形。

圆形侧面：设置圆形侧边上的片段划分数。其值越大，D 形截面越光滑。

其他参数请参见前面章节的参数说明。

3．参数的修改

软管的参数较多，但修改并不繁琐。自由软管的参数修改见表 2-14。

表 2-14

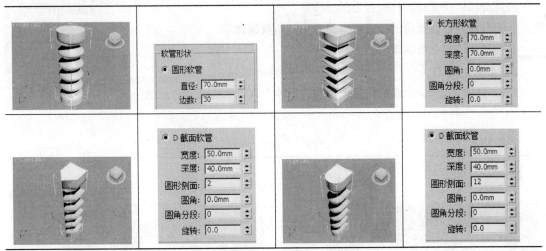

2.2.8　球棱柱

球棱柱用于制作带有导角的柱体，能直接在柱体的边缘上产生光滑的导角，可以说是圆柱体的一种特殊形式。下面来介绍球棱柱的创建方法及其参数的设置和修改。

1．创建球棱柱

球棱柱可以直接在柱体的边缘产生光滑的导角。创建球棱柱的操作步骤如下。

（1）单击"　>　○　>　　球棱柱　　"按钮。

（2）将鼠标光标移到视图中，单击并按住鼠标左键不放拖曳光标，视图中生成一个五边形平面（系统默认设置为五边），如图 2-102 所示，在适当的位置松开鼠标左键并上下移动光标，调整球棱柱到合适的高度，如图 2-103 所示，单击鼠标左键，再次上下移动光标，调整球棱柱边缘的导角，单击鼠标左键，球棱柱创建完成，如图 2-104 所示。

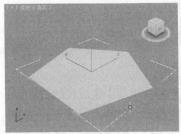

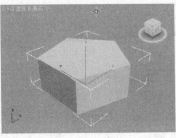
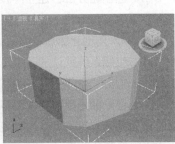

图 2-102　　　　　　　　　　图 2-103　　　　　　　　　　图 2-104

2．球棱柱的参数

单击球棱柱将其选中，然后单击 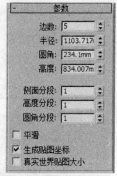 按钮，在修改命令面板中会显示球棱柱的参数，如图2-105所示。

边数：设置球棱柱的侧边数。

半径：设置底面圆形的半径。

圆角：设置棱上圆角的大小。

高度：设置球棱柱的高度。

侧边分段：设置球棱柱圆周方向上的分段数。

高度分段：设置球棱柱高度上的分段数。

圆角分段：设置圆角的分段数，值越高，角就越圆滑。

其他参数请参见前面章节的参数说明。

图2-105

3．参数的修改

球棱柱的参数较少，参数的修改不会在形体上有较大的变化，见表2-15。

表2-15

2.2.9　棱柱

棱柱用于制作等腰和不等边的三棱柱体。下面来介绍三棱柱的创建方法及其参数的设置和修改。

1．创建棱柱

棱柱有两种创建方法：一种是二等边创建方法；一种是基点/顶点创建方法，如图2-106所示。

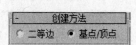

图2-106

二等边创建方法：建立等腰三棱柱，创建时按住Ctrl键可以生成底面为等边三角形的三棱柱。

基点/顶点创建方法：用于建立底面为非等边三角形的三棱柱。

本书使用系统默认的基点/顶点方式创建，操作步骤如下。

（1）单击""按钮。

（2）将鼠标光标移到视图中，单击并按住鼠标左键不放拖曳光标，视图中生成棱柱的底面，这时移动鼠标光标，可以调整底面的大小，松开鼠标左键后移动光标可以调整底面顶点的位置，生成不同形状的底面，如图2-107所示，单击鼠标左键，上下移动光标，调整棱柱的高度，在适当的位置再次单击鼠标左键，棱柱创建完成，如图2-108所示。

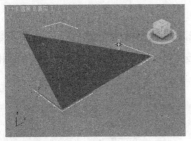

图 2-107　　　　　　　　　　图 2-108

2．棱柱的参数

单击棱柱将其选中，然后单击 按钮，在修改命令面板中会显示棱柱的参数，如图 2-109 所示。

侧边 1 长度、侧边 2 长度、侧边 3 长度：分别设置棱柱底面三角形 3 边的长度，确定三角形的形状。

高度：设置三棱柱的高度。

侧边 1 分段、侧边 2 分段、侧边 3 分段：分别设置棱柱在 3 边方向上的分段数。

高度分段：设置棱柱沿主轴方向上高度的片段划分数。

其他参数请参见前面章节的参数说明。棱柱参数的修改比较简单，本书在此不进行介绍了。

图 2-109

2.2.10　环形波

环形波是一种类似于平面造型的几何体，可以创建出与环形结的某些三维效果相似的平面造型，多用于动画的制作。下面来介绍环形波的创建方法及其参数的设置和修改。

1．创建环形波

环形波是一个比较特殊的几何体，多用于制作动画效果。创建环形波的操作步骤如下。

（1）单击“ ＞ ＞ 环形波 ”按钮。

（2）将鼠标光标移到视图中，单击并按住鼠标左键不放拖曳光标，视图中生成一个圆，如图 2-110 所示，在适当的位置松开鼠标左键并上下移动光标，调整内圈的大小，单击鼠标左键，环形波创建完成，如图 2-111 所示。默认情况下，环形波是没有高度的，在参数命令面板中的“高度”属性可以调整其高度。

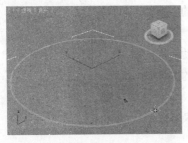

图 2-110　　　　　　　　　　图 2-111

2．环形波的参数

单击环形波将其选中，然后单击 按钮，在修改命令面板中会显示环形波的参数，如图 2-112 所示。环形波的参数比较复杂，主要可分为环形波大小、环形波计时、外边波折和内边波折，这些参数多用于制作动画。

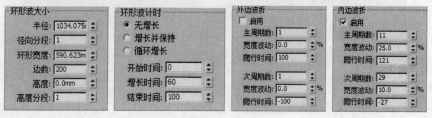

图 2-112

⊙　环形波大小参数用于控制场景中环形波的具体尺寸大小。

半径：设置环形波的外径大小。如果数值增加，其内、外径随之同步增加。

径向分段：设置环形波沿半径方向上的分段数。

环形宽度：设置环形波内、外径之间的距离。如果数值增加，则内径减少，外径不变。

边数：设置环形波沿圆周方向上的片段划分数。

高度：设置环形波沿其主轴方向上的高度。

高度分段：设置环形波沿主轴方向上高度的分段数。

⊙　环形波计时参数用于环形波尺寸大小的动画设置。

无增长：设置一个静态环形波，它在 Start Time（开始时间）显示，在 End Time（结束时间）消失。

循环增长并保持：设置单个增长周期。环形波在"开始时间"开始增长，并在"开始时间"及"增长时间"处达到最大尺寸。

循环增长：环形波从"开始时间"到"开始时间"及"增长时间"重复增长。

开始时间：如果选择"循环增长并保持"或"循环增长"单选按钮，则环形波出现帧数并开始增长。

增长时间：从"开始时间"后环形波达到其最大尺寸所需帧数。"增长时间"仅在选中"循环增长并保持"或"循环增长"单选按钮时可用。

结束时间：环形波消失的帧数。

⊙　外边波折参数用于设置环形波的外边缘。该区域未被激活时，环形波的外边缘是平滑的圆形，激活后，用户可以把环形波的外边缘同样设置成波动形状，并可以设置动画。

主周期数：设置环形波外边缘沿圆周方向上的主波数。

宽度波动：设置主波的大小，以百分数表示。

爬行时间：设置每个主波沿环形波外边缘蠕动一周的时间。

次周期数：设置环形波外边缘沿圆周方向上的次波数。

宽度波动：设置次波的大小，以百分数表示。

爬行时间：设置每个次波沿其各自主波外边缘蠕动一周的时间。

⊙ 内边波折参数用于设置环形波的内边缘。

参数说明请参见外边波折。

3. 参数的修改

环形波的参数多数用于制作动画。通过修改参数，可以生成个别形体，见表 2-16。

表 2-16

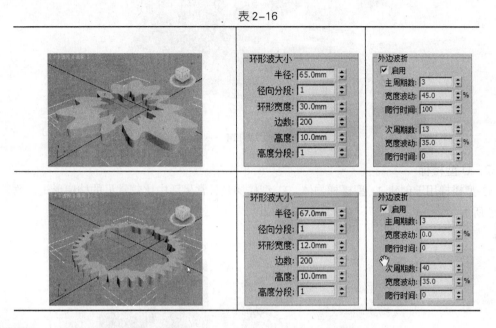

2.3 创建建筑模型

3ds Max 2012 提供了几种常用的快速建筑模型，在一些简单场景中使用这些模型可以提高效率，包括一些楼梯、窗和门等建筑物体。

2.3.1 楼梯

单击 " <u>*</u> > <u>◯</u> " 按钮，在下拉列表框 标准基本体 ▼ 中选择 "楼梯" 选项，可以看到 3ds Max 2012 提供了 4 种楼梯形式供选择，如图 2-113 所示。

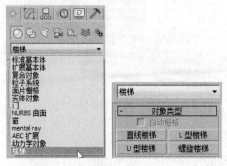

图 2-113

1．L 型楼梯

L 型楼梯用于创建 L 型的楼梯物体，效果如图 2-114 所示。

图 2-114

2．U 型楼梯

U 型楼梯用于创建 U 型楼梯物体。U 型楼梯是日常生活中比较常见的楼梯形式，效果如图 2-115 所示。

图 2-115

3．直线楼梯

直线楼梯用于创建直楼梯物体。直楼梯是最简单的楼梯形式，效果如图 2-116 所示。

图 2-116

4．螺旋楼梯

螺旋楼梯用于创建螺旋型的楼梯物体，效果如图 2-117 所示。

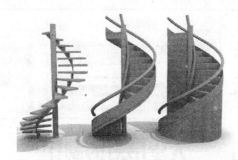

图 2-117

2.3.2　门和窗

3ds Max 2012 中还提供了门和窗的模型，单击"⁂ > ◯"按钮，在下拉列表框中选择"门"和"窗"选项，如图 2-118 所示。门和窗都提供了几种类型的模型，如图 2-119 所示。

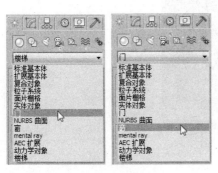

图 2-118

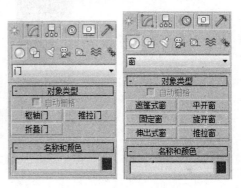

图 2-119

门和窗的形态见表 2-17。

表 2-17

枢轴门	推拉门	折叠门
遮篷式窗	平开窗	固定窗

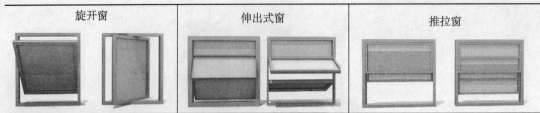

旋开窗	伸出式窗	推拉窗

2.4 课堂练习——大堂吊灯的制作

【练习知识要点】利用基本几何体和扩展几何体组合模型，如图 2-120 所示。

【效果图文件所在位置】光盘/ CH02/效果/大堂吊灯.max。

图 2-120

2.5 课后习题——窗户的制作

【习题知识要点】利用长方体组合模型，熟练编辑几何体的参数，如图 2-121 所示。

【效果图文件所在位置】光盘/CH02/效果/窗户的制作.max。

图 2-121

第3章

二维图形的创建

    本章将介绍二维图形的创建和参数的修改方法。本章对线的创建和修改方法会进行重点介绍。读者通过学习本章的内容，要掌握创建二维图形的方法和技巧，并能根据实际需要绘制出精美的二维图形。通过本章的学习，希望读者可以融会贯通，掌握二维图形的应用技巧，制作出具有想象力的模型。

课堂学习目标

- 创建线的方法
- 对线的编辑和修改
- 创建其他二维图形

3.1 创建二维线形

　　平面图形基本都是由直线和曲线组成的。通过创建二维线形来建模是 3ds Max 2012 中一种常用的建模方法。下面来介绍二维线形的创建。

3.1.1 课堂案例——中柱模型的制作

图 3-1

　　【案例学习目标】掌握线的画法，了解如何使用辅助物体建模。

　　【案例知识要点】使用线来绘制中柱的截面图形，为图形施加"车削"修改器来完成模型的制作，如图 3-1 所示。

　　【效果图文件所在位置】光盘/CH03/效果/中柱模型的制作.max。

　　（1）选择"文件 > 重置"命令进行系统重新设定，并将系统显示单位设置为毫米。

　　（2）单击"　 > 　 > 　线　"按钮，在场景中单击创建图形，结束时右击鼠标即可，如图 3-2 所示。

　　（3）切换到修改　命令面板，将选择集定义为"样条线"，在"几何体"卷展栏中单击"轮廓"按钮，在场景中选择样条线，拖动鼠标创建出轮廓效果，如图 3-3 所示。

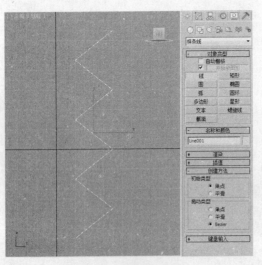

图 3-2

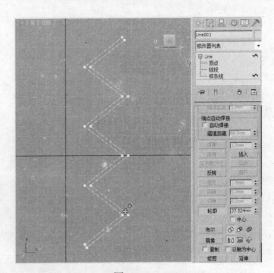

图 3-3

　　（4）关闭样条线选择集，在修改器列表中选择"车削"修改器，如图 3-4 所示。

　　（5）将"车削"的选择集定义为"轴"，使用"移动"工具　在顶视图中沿着 X 轴移动轴的位置，如图 3-5 所示。

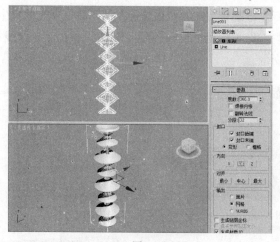

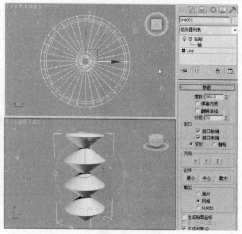

图 3-4　　　　　　　　　　　　　　　　　　　　图 3-5

（6）如果图形不满意，可以在修改器堆栈中回到 Line 层级，将选择集定义为顶点，使用"移动"工具 在场景中调整顶点，如图 3-6 所示。

（7）继续调整车削，如图 3-7 所示，直到达到满意的效果。

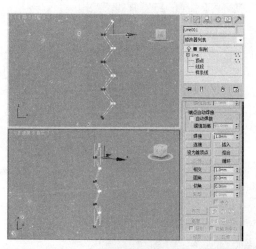

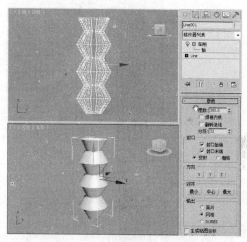

图 3-6　　　　　　　　　　　　　　　　　　　　图 3-7

3.1.2　线

"线"用于创建出任何形状的开放型或封闭型的线和直线。创建完成后，还可以通过调整节点、线段和线来编辑形态。下面介绍线的创建方法及其参数的设置和修改。

1．创建线的方法

线的创建是学习创建其他二维图形的基础。创建线的操作步骤如下。

（1）单击" ❋ ＞ ◻ ＞ ▭线▭ "按钮。

（2）在顶视图中单击鼠标左键，确定线的起始点，移动光标到适当的位置并单击鼠标左键确定节点，生成一条直线，如图 3-8 所示。

（3）继续移动光标到适当的位置，单击鼠标左键确定节点并按住鼠标左键不放拖曳光标，生成一条弧状的线，如图 3-9 所示。松开鼠标左键并移动光标到适当的位置，可以调整出新的曲线，单击鼠标左键确定节点，线的形态如图 3-10 所示。

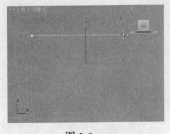
图 3-8

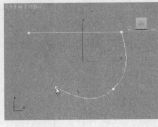
图 3-9

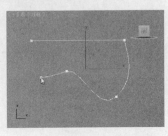
图 3-10

（4）继续移动光标到适当的位置并单击鼠标左键确定节点，可以生成一条新的直线，如图 3-11 所示。如果需要创建封闭线，将光标移动到线的起始点上并单击鼠标左键，如图 3-12 所示，弹出"样条线"对话框，如图 3-13 所示，提示用户是否闭合正在创建的线，单击 是(Y) 按钮即可闭合创建的线，如图 3-14 所示。单击 否(N) 按钮，则可以继续创建线。

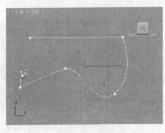
图 3-11

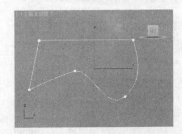
图 3-12

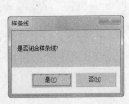
图 3-13

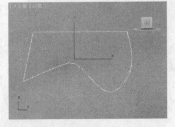
图 3-14

（5）如果需要创建开放的线，单击鼠标右键，即可结束线的创建，如图 3-15 所示。

（6）在创建线时，如果同时按住 Shift 键，可以创建出与坐标轴平行的直线，如图 3-16 所示。

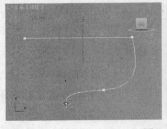
图 3-15

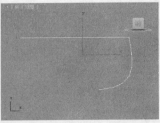

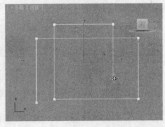
图 3-16

2．线的创建参数

单击"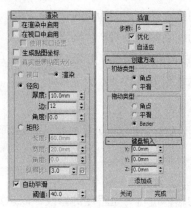 > 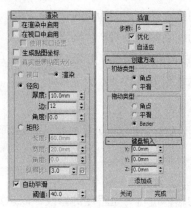 > 　　线　　"按钮，在创建命令面板下方会显示线的创建参数，如图 3-17
所示。

图 3-17

⊙　渲染卷展栏参数用于设置线的渲染特性，可以选择是否对线进行渲染，并设定线的厚度。

在渲染中启用：启用该选项后，使用为渲染器设置的径向或矩形参数将图形渲染为 3D 网格。

在视口中启用：启用该选项后，使用为渲染器设置的径向或矩形参数将图形作为 3D 网格显
示在视图中。

厚度：用于设置视图或渲染中线的直径大小。

边：用于设置视图或渲染中线的侧边数。

角度：用于调整视图或渲染中线的横截面旋转的角度。

该卷展栏参数的修改结果见表 3-1。

表 3–1

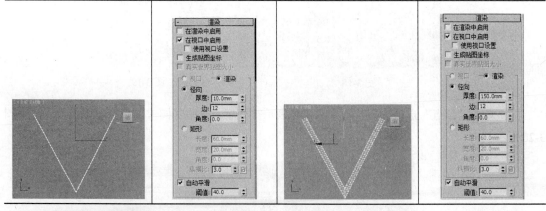

⊙　插值卷展栏参数用于控制线的光滑程度。

步数：设置程序在每个顶点之间使用的划分的数量。

优化：启用此选项后，可以从样条线的直线线段中删除不需要的步数。

自适应：系统自动根据线状调整分段数。

⊙　创建方法卷展栏参数用于确定所创建的线的类型。

初始类型：用于设置单击鼠标左键建立线时所创建的端点类型。

角点：用于建立折线，端点之间以直线连接（系统默认设置）。

平滑：用于建立线，端点之间以线连接，且线的曲率由端点之间的距离决定。

拖动类型：用于设置按压并拖曳鼠标建立线时所创建的端点类型。

角点：选择此方法，建立的线在端点之间为直线。

平滑：选择此方法，建立的线在端点处将产生圆滑的线。

Bezier：选择此方法，建立的线将在端点产生光滑的线。端点之间线的曲率及方向是通过在端点处拖曳鼠标控制的（系统默认设置）。

提示 创建线时，应该选择好线的创建方式。线创建完成后，无法通过卷展栏创建方式调整线的类型。

3．线的形体修改

线创建完成后，总要对它的形体进行一定程度的修改，以达到满意的效果，这就需要对节点进行调整。节点有4种类型，分别是Bezier角点、Bezier、角点和平滑。

下面来介绍线的形体修改，操作步骤如下。

（1）单击" · > · > 线 "按钮，在顶视图中创建一条线，如图3-18所示。

（2）单击"修改"按钮，在修改命令堆栈中单击"Line"命令前面的加号，展开子层级选项，如图3-19所示。顶点，开启后可以对节点进行修改操作；线段，开启后可以对线段进行修改操作；样条线，开启后可以对整条线进行修改操作。

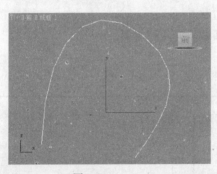

图3-18 图3-19

（3）单击"顶点"选项，该选项变为黄色表示被开启，这时视图中的线会显示出节点，如图3-20所示。

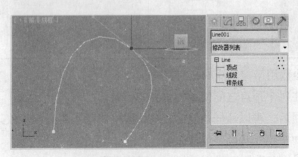

图3-20

（4）单击要选择的节点将其选中，使用"移动"工具 将选中的节点沿 X 轴向下移动，调整节点的位置，如图 3-21 所示。线的形状发生改变，效果如图 3-22 所示。按住鼠标左键不放并拖曳出选择框，框选住需要的多个节点，松开鼠标左键，将框选的节点选中，再使用"移动"工具 对其进行调整，如图 3-23 所示。

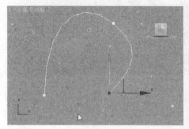
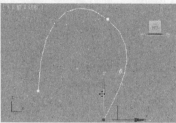

图 3-21　　　　　　　　　　　　　　　　图 3-22

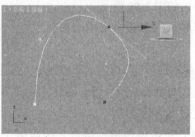

图 3-23

线的形体还可以通过调整节点的类型来修改，操作步骤如下。

（1）单击" 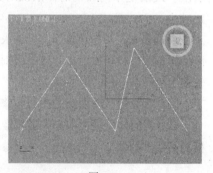 > > 线 "按钮，在顶视图中创建一条线，如图 3-24 所示。

（2）在修改命令堆栈中单击" > 顶点"选项，在视图中单击中间的节点将其选中，如图 3-25 所示，单击鼠标右键，在弹出的菜单中显示了所选择节点的类型，如图 3-26 所示。在菜单中可以看出所选择的点为角点。在菜单中选择其他节点类型命令，节点的类型会随之改变。

图 3-24

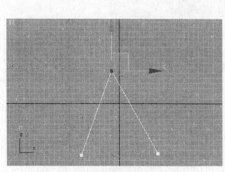
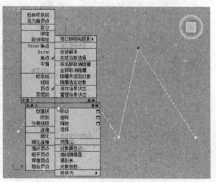

图 3-25　　　　　　　　　　　　　　　图 3-26

以下是 4 种节点类型，自左向右分别为 Bezier 角点、Bezier、角点和平滑，前两种类型的节点可以通过绿色的控制手柄进行调整，后两种类型的节点可以直接使用"移动"工具✛进行位置的调整，如图 3-27 所示。

图 3-27

4. 线的修改参数

线创建完成后单击"修改"按钮，在修改命令面板中会显示线的修改参数。线的修改参数分为 5 个部分，如图 3-28 所示。

⊙ 选择卷展栏参数主要用于控制顶点、线段和样条线 3 个次对象级别的选择，如图 3-29 所示。

点级：单击该按钮，可进入节点级子对象层次。节点是样条线次对象的最低一级，因此，修改节点是编辑样条对象最灵活的方法。

线段级：单击该按钮，可进入线段级子对象层次。线段是中间级别的样条次对象，对它的修改比较少。

样条级：单击该按钮，可进入样条线子对象层次。样条线是样条次对象的最高级别，对它的修改比较多。

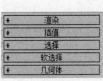

图 3-28   图 3-29

以上 3 个进入子层级的按钮与修改命令堆栈中的选项是对应的，在使用上有相同的效果。

⊙ 几何体卷展栏中提供了大量关于样条线的几何参数，在建模中对线的修改主要是对该面板的参数进行调节，如图 3-30 所示。

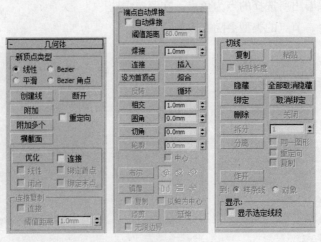

图 3-30

创建线：用于创建一条线并把它加入到当前线中，使新创建的线与当前线成为一个整体。

断开：用于断开节点和线段。

单击"❊ > ❑ > 　线　"按钮，在顶视图中创建一条线，如图 3-31 所示。

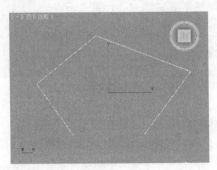

图 3-31

在修改命令堆栈中单击"➕ > 顶点"选项，在视图中在要断开的节点上单击将其选中，如图 3-32 所示，单击　断开　按钮，节点被断开，移动节点，可以看到节点已经被断开，如图 3-33 所示。

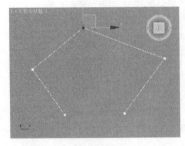 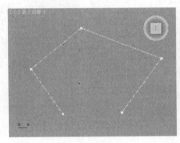 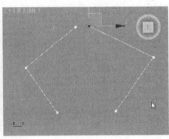

图 3-32　　　　　　　　　　　　　　　　　图 3-33

在修改命令堆栈中单击"线段"选项，然后单击　断开　按钮，将光标移到线上，光标变为 ⌇ 形状，在线上单击鼠标左键，线被断开，如图 3-34 所示。

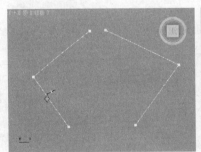 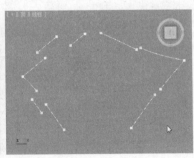

图 3-34

附加：用于将场景中的二维图形与当前线结合，使它们变为一个整体。场景中存在两个以上的二维图形时，才能使用结合功能。

使用方法为单击一条线将其选中，然后单击　附加　按钮，在视图中单击另一条线，两条线就会结合成一个整体，如图 3-35 所示。

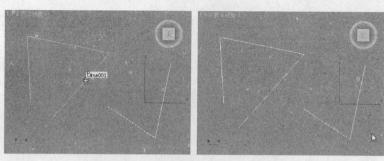

图 3-35

附加多个 ：原理与 附加 相同，区别在于单击该按钮后，将弹出"附加多个"对话框，对话框中会显示出场景中线的名称，如图 3-36 所示，用户可以在对话框中选择多条线，然后单击 附加 按钮，将选择的线与当前的线结合为一个整体，如图 3-37 所示。

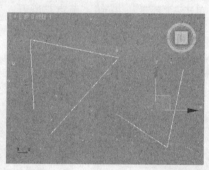

图 3-36   图 3-37

优化 ：用于在不改变线的形态的前提下在线上插入节点。

使用方法为单击 优化 按钮，在线上单击鼠标左键，线上插入新的节点，如图 3-38 所示。

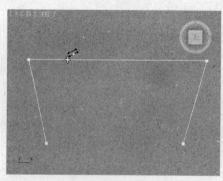
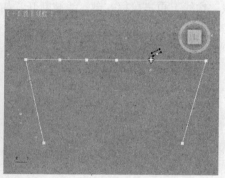

图 3-38

圆角 ：用于在选择的节点处创建圆角。

使用方法为在视图中单击要修改的节点将其选中，然后单击 圆角 按钮，如图 3-39 所示，将光标移到被选择的节点上，按住鼠标左键不放并拖曳光标，节点会形成圆角，如图 3-40 所示，也可以在数值框中输入数值或通过调节微调器来设置圆角。

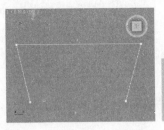

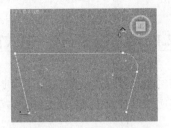

图 3-39　　　　　　　　　　　　　图 3-40

切角 ：其功能和操作方法与 圆角 相同，但创建的是切角，如图 3-41 所示。

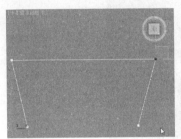

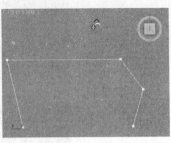

图 3-41

轮廓 ：用于给选择的线设置轮廓，用法和 圆角 相同，如图 3-42 所示，该命令仅在样条线层级有效。

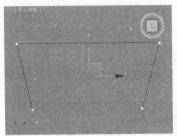

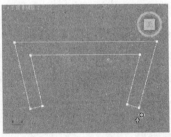

图 3-42

3.2　创建二维图形

3ds Max 2012 提供了一些具有固定形态的二维图形，这些图形的造型比较简单，但都各具特点。通过对二维图形参数的设置，能产生很多形状的新图形。二维图形也是建模中常用的几何图形。

命令介绍

二维图形是创建复合物体、表面建模和制作动画的重要组成部分。用二维图形能创建出 3ds Max 2012 内置几何体中没有的特殊形体。创建二维图形是最主要的一种建模方法。

3.2.1　课堂案例——中式窗户的制作

【案例学习目标】掌握二维图形的渲染特性。

【案例知识要点】使用长方体、移动工具以及二维图形的渲染特性完成模型的制作，如图 3-43 所示。

【效果图文件所在位置】光盘/CH03/效果/中式窗户.max。

图 3-43

1．制作窗花

（1）选择"文件 > 重置"命令进行系统重新设定，并将系统显示单位设置为毫米。

（2）单击"⚹ > ▣ > ▬▬ 线 ▬▬"按钮，在前视图中创建闭合的样条线，如图 3-44 所示，在"渲染"卷展栏中勾选"在渲染中启用"和"在视口中启用"选项，选择渲染方式为"矩形"，设置"长度"为 20.0、"宽度"为 10.0。

（3）取消对"开始新图形"的勾选，在前视图中创建可渲染的样条线，如图 3-45 所示。

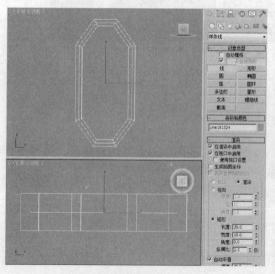

图 3-44

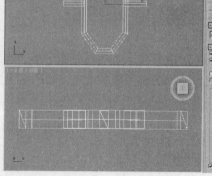

图 3-45

（4）在前视图中使用"移动"工具✛，按住 Shift 键，沿着 Y 轴向下移动复制模型，在弹出的对话框中选择"实例"选项，设置"副本数"为 10，单击"确定"按钮，如图 3-46 所示。

（5）以"复制"的方式复制出一列图形，调整该列图形的效果，如图 3-47 所示。

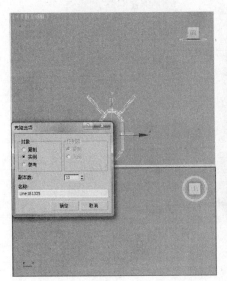

图 3-46

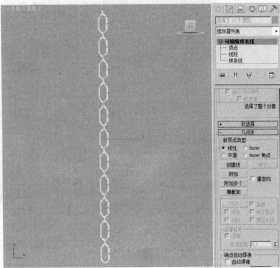

图 3-47

（6）继续移动复制图形，如图 3-48 所示。

2．创建窗框

（1）单击" ┈ ＞ ○ ＞ 长方体 "按钮，在前视图中创建长方体，在"参数"卷展栏中设置合适的参数即可，如图 3-49 所示。

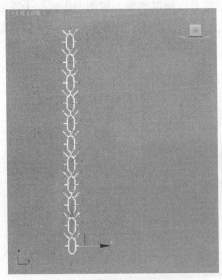

图 3-48

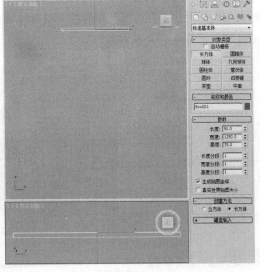

图 3-49

（2）复制并设置长方体的参数和位置，如图 3-50 所示。

（3）完成的模型如图 3-51 所示。

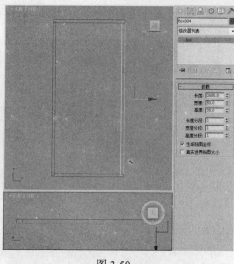
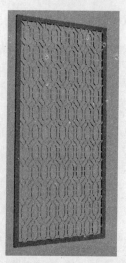

图 3-50   图 3-51

3.2.2 矩形

"矩形"用于创建矩形和正方形。下面介绍矩形的创建及其参数的设置和修改。

1．创建矩形

矩形的创建比较简单，操作步骤如下。

（1）单击" > > **矩形** "按钮。

（2）将鼠标光标移到视图中，单击并按住鼠标左键不放拖曳光标，视图中生成一个矩形，移动光标调整矩形大小，在适当的位置松开鼠标左键，矩形创建完成，如图 3-52 所示。创建矩形时按住 Ctrl 键，可以创建出正方形。

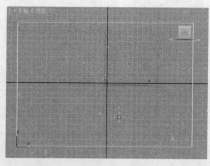

图 3-52

2．矩形的修改参数

单击矩形将其选中，然后单击 按钮，参数命令面板中会显示矩形的参数，如图 3-53 所示。

长度：设置矩形的长度值。

宽度：设置矩形的宽度值。

角半径：设置矩形的四角是直角还是有弧度的圆角。若其值为 0，则矩形的 4 个角都为直角。

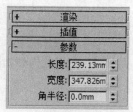

图 3-53

3．参数的修改

矩形的参数比较简单，在参数的数值框中直接设置数值，矩形的形体即会发生改变，修改效果如图 3-54 所示。

图 3-54

3.2.3　圆和椭圆

圆和椭圆的形态比较相似，创建方法基本相同。下面介绍圆和椭圆的创建方法及其参数的设置。

1．创建圆和椭圆

下面以圆形为例来介绍创建方法，操作步骤如下。

（1）单击 "　＊　＞　⊙　＞　⬛　圆　⬛　" 按钮。

（2）将鼠标光标移到视图中，单击并按住鼠标左键不放拖曳光标，视图中生成一个圆，移动光标调整圆的大小，在适当的位置松开鼠标左键，圆创建完成。使用相同方法可以创建出椭圆，如图 3-55 所示。

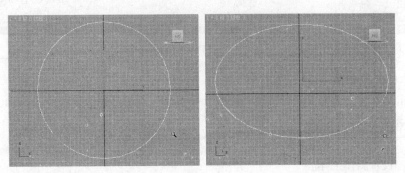

图 3-55

2．圆和椭圆的修改参数

单击圆或椭圆将其选中，然后单击 "修改" 按钮 ⬛，在修改命令面板中会显示它们的参数，如图 3-56 所示。

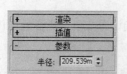
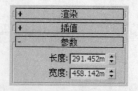

（a）圆的修改参数面板　　　（b）椭圆的修改参数面板

图 3-56

"参数"卷展栏的参数中，圆的参数只有半径，椭圆的参数为长度和宽度，用于调整椭圆的长轴和短轴。

3.2.4　文本

"文本"用于在场景中直接产生二维文字图形或创建三维的文字图形。下面介绍文本的创建方法及其参数的设置。

1．创建文本

文本的创建方法很简单，操作步骤如下。

（1）单击" ⚹ ＞ ◎ ＞ ▢文本 "按钮，在参数面板中设置创建参数，在文本输入区输入要创建的文本内容，如图 3-57 所示。

（2）将光标移到视图中并单击鼠标左键，文本创建完成，如图 3-58 所示。

图 3-57

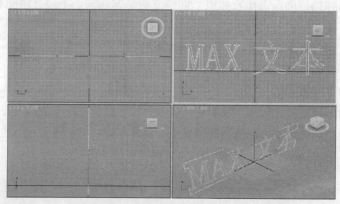

图 3-58

2．文本的修改参数

首先单击文本将其选中，然后单击"修改"按钮 🖉，在修改命令面板中会显示文本的参数，如图 3-57 所示。

宋体 ▾字体下拉列表框：用于选择文本的字体。

I 按钮：设置斜体字体。

U 按钮：设置下画线。

≣按钮：向左对齐。

≣按钮：居中对齐。

≣按钮：向右对齐。

■按钮：两端对齐。

大小：用于设置文字的大小。

字间距：用于设置文字之间的间隔距离。

行间距：用于设置文字行与行之间的距离。

文本：用于输入文本内容，同时也可以进行改动。

更新：用于设置修改完文本内容后，视图是否立刻进行更新显示。当文本内容非常复杂时，系统可能很难完成自动更新，此时可选择手动更新方式。

手动更新：用于进行手动更新视图。当选择该复选框时，只有当单击　更新　按钮后，文本输入框中当前的内容才会显示在视图中。

3.2.5　弧

"弧"可用于建立弧线和扇形。下面来介绍弧的创建方法及其参数的设置和修改。

1. 创建弧

弧有两种创建方法：一种是"端点 – 端点 – 中央"创建方法（系统默认设置）；另一种是"中间 – 端点 – 端点"创建方法，如图 3-59 所示。

"端点 – 端点 – 中央"创建方法：建立弧时先引出一条直线，以直线的两端点作为弧的两个端点，然后移动鼠标光标确定弧的半径。

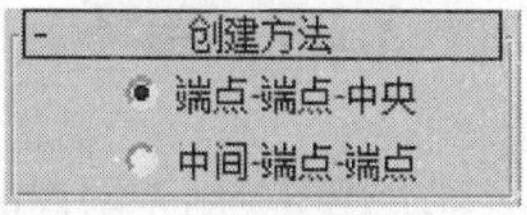

"中间 – 端点 – 端点"创建方法：建立弧时先引出一条直线作为弧的半径，再移动鼠标光标确定弧长。

创建弧的操作步骤如下。

（1）单击" ✛ > ⬡ > 　　弧　　"按钮。

图 3-59

（2）将鼠标光标移到视图中，单击并按住鼠标左键不放拖曳光标，视图中生成一条直线，如图 3-60 所示，松开鼠标左键并移动光标，调整弧的大小，如图 3-61 所示，在适当的位置单击鼠标左键，弧创建完成，如图 3-62 所示。图中显示的是以"端点 – 端点 – 中央"方式创建的弧。

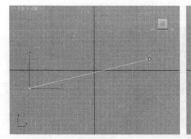
图 3-60

图 3-61

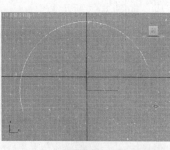
图 3-62

2. 弧的修改参数

单击弧将其选中，单击"修改"按钮 ⬚，在修改命令面板中会显示弧的参数，如图 3-63 所示。

半径：用于设置弧的半径大小。

从：设置建立的弧在其所在圆上的起始点角度。

图 3-63

到：设置建立的弧在其所在圆上的结束点角度。

饼形切片：选择该复选框，分别把弧中心和弧的两个端点连接起来构成封闭的图形。

3．参数的修改

弧的修改参数和创建参数基本相同，只是没有创建方式，修改效果见表 3-2。

表 3-2

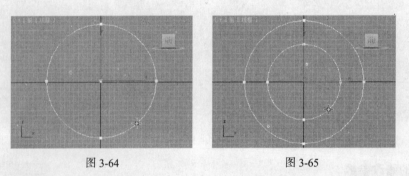

3.2.6　圆环

"圆环"用于制作由两个圆组成的圆环。下面介绍圆环的创建方法及其参数的设置。

1．创建圆环

圆环的创建方法比圆的创建方法多一个步骤，也比较简单，具体操作步骤如下。

（1）单击 "　＊　>　⊙　>　　圆环　　" 按钮。

（2）将鼠标光标移到视图中，单击并按住鼠标左键不放拖曳光标，视图中生成一个圆形，如图 3-64 所示，松开鼠标左键并移动光标，生成另一个圆，在适当的位置单击鼠标左键，圆环创建完成，如图 3-65 所示。

图 3-64　　　　　　　　　　　　图 3-65

2．圆环的修改参数

单击圆环将其选中，单击"修改"按钮 ，在修改命令面板中会显示圆环的参数，如图 3-66 所示。

半径 1：用于设置第一个圆形的半径大小。

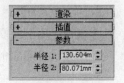

图 3-66

半径 2：用于设置第二个圆形的半径大小。

3.2.7　多边形

使用"多边形"可以创建任意边数的正多边形，也可以创建圆角多边形。下面来介绍多边形的创建方法及其参数的设置和修改。

1．创建多边形

多边形的创建方法与圆的创建方法相同，操作步骤如下。

（1）单击"　*　>　◎　>　多边形　"按钮。

（2）将鼠标光标移到视图中，单击并按住鼠标左键不放拖曳光标，视图中生成一个多边形，移动光标调整多边形的大小，在适当的位置松开鼠标左键，多边形创建完成，如图3-67 所示。

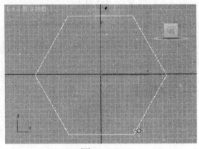

图 3-67

2．多边形的修改参数

单击多边形将其选中，单击"修改"按钮，在修改命令面板中会显示多边形的参数，如图 3-68 所示。

半径：设置正多边形的半径。

内接：使输入的半径为多边形的中心到其边界的距离。

外接：使输入的半径为多边形的中心到其顶点的距离。

边数：用于设置正多边形的边数，其范围是 3~100。

角半径：用于设置多边形在顶点处的圆角半径。

圆形：选择该复选框，设置正多边形为圆形。

图 3-68

3．参数的修改

多边形的参数不多，但修改参数值后却能生成多种形状，见表 3-3。

表 3-3

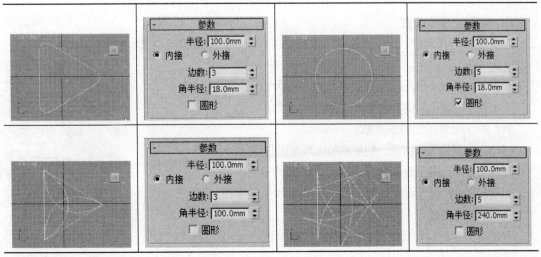

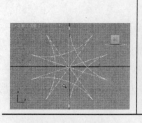
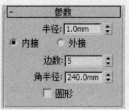

3.2.8　星形

使用"星形"可以创建多角星形，也可以创建齿轮图案。下面来介绍星形的创建方法及其参数的设置和修改。

1．创建星形

星形的创建方法与同心圆的创建方法相同，具体步骤如下。

（1）单击"　＞　　＞　　星形　　"按钮。

（2）将鼠标光标移到视图中，单击并按住鼠标左键不放拖曳光标，视图中生成一个星形，如图 3-69 所示，松开鼠标左键并移动光标，调整星形的形态，在适当的位置单击鼠标左键，星形创建完成，如图 3-70 所示。

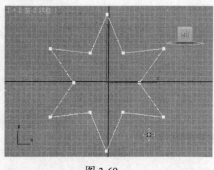
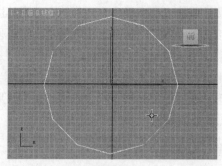

图 3-69　　　　　　　　　　　　　　　图 3-70

2．星形的修改参数

单击星形将其选中，单击"修改"按钮　，在修改命令面板中会显示星形的参数，如图 3-71 所示。

半径 1：设置星形的内顶点所在圆的半径大小。

半径 2：设置星形的外顶点所在圆的半径大小。

点：用于设置星形的顶点数。

扭曲：用于设置扭曲值，使星形的齿产生扭曲。

圆角半径 1：用于设置星形内顶点处的圆滑角的半径。

圆角半径 2：用于设置星形外顶点处的圆滑角的半径。

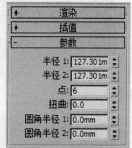

图 3-71

3．参数的修改

通过对"参数"卷展栏参数的设置，能使星形生成很多形状的形体，见表 3-4。

表 3-4

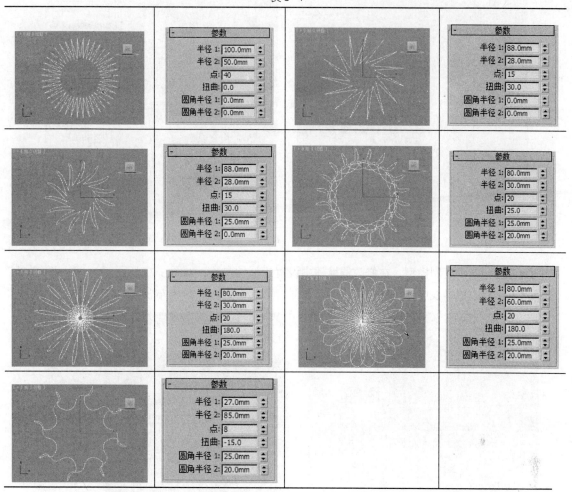

3.2.9　课堂案例——移动柜的制作

【案例学习目标】掌握二维图形的创建和参数修改。

【案例知识要点】使用矩形、线、圆环、圆柱体、长方体和"移动"、"旋转"、"复制"等工具，并结合"倒角"和"挤出"修改器完成模型的制作，如图 3-72 所示。

【效果图文件所在位置】光盘/CH03/效果/移动柜.max。

（1）选择"文件 > 重置"命令进行系统重新设定，并将系统显示单位设置为毫米。

（2）单击"　> 　> 　矩形　"按钮，在左视图中创建矩形，设置矩形的参数，设置成圆角矩形，如图 3-73 所示。

（3）切换到修改　命令面板，为模型施加"倒角"修改器，

图 3-72

设置倒角的参数，如图 3-74 所示。下面的章节将介绍修改器的应用，这里就不详细介绍了。

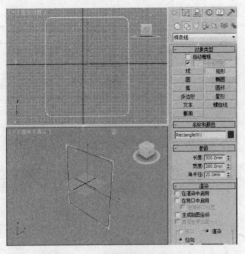

图 3-73

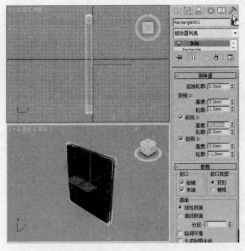

图 3-74

（4）在场景中复制模型，在修改器堆栈中设置矩形的参数，如图 3-75 所示。

（5）在修改器堆栈中选择倒角修改器，设置合适的参数，如图 3-76 所示。

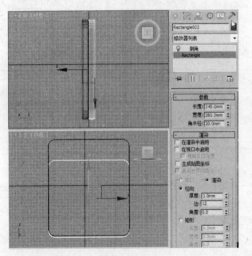

图 3-75

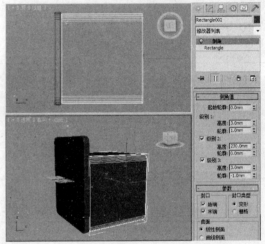

图 3-76

（6）在场景中移动复制模型，如图 3-77 所示。

（7）单击"⁕ > ◯ > 长方体"按钮，在左视图中创建长方体，设置合适的参数，如图 3-78 所示，在场景中调整模型的位置。

（8）在场景中创建长方体，并设置长方体的参数，调整长方体的位置，如图 3-79 所示。

（9）单击"⁕ > ◯ > 圆环"按钮，在前视图中创建圆环，设置合适的参数，如图 3-80 所示。

（10）在场景中移动复制圆环模型，如图 3-81 所示。

（11）单击"⁕ > ◯ > 圆环"按钮，在左视图中创建圆环，设置合适的参数，如图 3-82 所示。

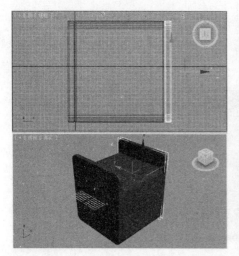

图 3-77

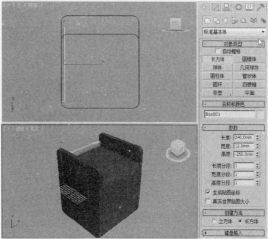

图 3-78

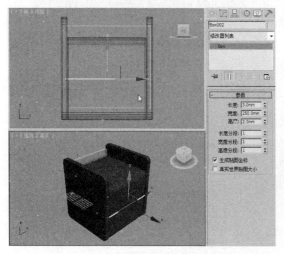

图 3-79

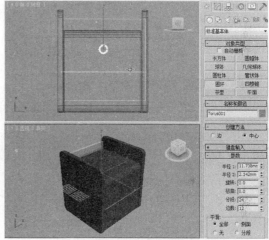

图 3-80

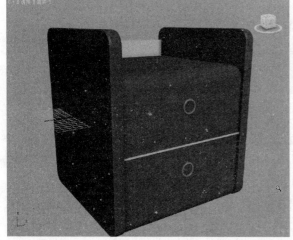

图 3-81

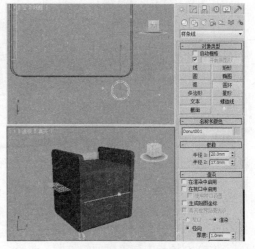

图 3-82

（12）为圆环设置"倒角"修改器，设置合适的倒角值，如图3-83所示。

（13）单击" > > 扩展基本体 > 油罐"按钮，在左视图中创建油罐，并设置合适的参数，如图3-84所示。

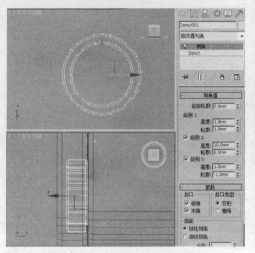
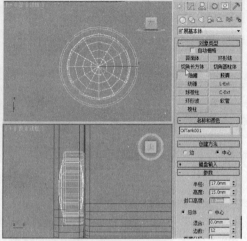

图 3-83 　　　　　　　　　　　　　　　 图 3-84

（14）在场景中复制模型，如图3-85所示。单击" > > 弧"按钮，在左视图中创建弧，设置合适的弧度和半径，如图3-86所示。

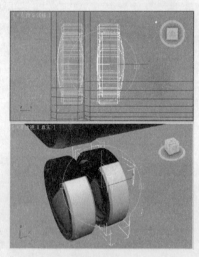
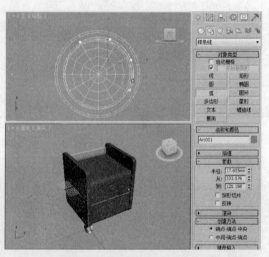

图 3-85 　　　　　　　　　　　　　　　 图 3-86

（15）为弧施加"编辑样条线"修改器，将选择集定义为"样条线"，在"几何体"卷展栏中单击"轮廓"按钮，在场景中设置轮廓，如图3-87所示。关闭样条线选择集，在修改器列表中选择"挤出"修改器，设置挤出的参数，如图3-88所示。

（16）单击" > > 标准基本体 > 圆柱体"按钮，在顶视图中创建圆柱体，设置合适的参数，如图3-89所示。

（17）在场景中调整模型的位置，选择作为轴辘的模型，在菜单栏中选择"组 > 成组"命令，在弹出的对话框中使用默认的组名即可，如图3-90所示。

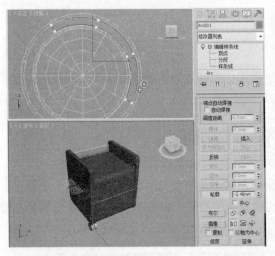

图 3-87

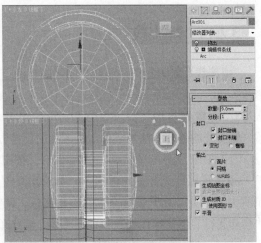

图 3-88

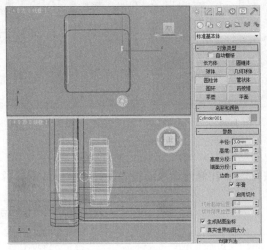

图 3-89

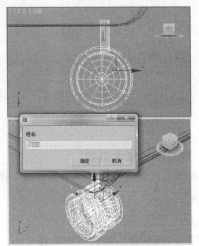

图 3-90

（18）在场景中复制模型，并旋转模型的角度，如图 3-91 所示。完成的模型如图 3-92 所示。

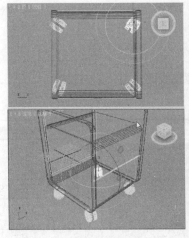

图 3-91

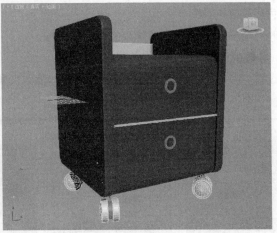

图 3-92

3.2.10 螺旋线

"螺旋线"用于制作平面或空间的螺旋线。下面来介绍螺旋线的创建方法及其参数的设置和修改。

1．创建螺旋线

螺旋线的创建方法与其他二维图形的创建方法不同，操作步骤如下。

（1）单击" ✳ > ◯ > <kbd>螺旋线</kbd> "按钮。

（2）将鼠标光标移到视图中，单击并按住鼠标左键不放拖曳光标，视图中生成一个圆形，如图 3-93 所示，松开鼠标左键并移动光标，调整螺旋线的高度，如图 3-94 所示，单击鼠标左键并移动光标，调整螺旋线顶半径的大小，再次单击鼠标左键，螺旋线创建完成，如图 3-95 所示。

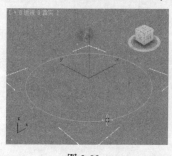
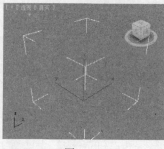
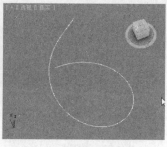

图 3-93   图 3-94   图 3-95

2．螺旋线的修改参数

单击螺旋线将其选中，单击"修改"按钮 ⯑，在修改命令面板中会显示螺旋线的参数，如图 3-96 所示。

半径 1：设置螺旋线底圆的半径大小。

半径 2：设置螺旋线顶圆的半径大小。

高度：设置螺旋线的高度。

圈数：设置螺旋线旋转的圈数。

偏移：设置在螺旋高度上，螺旋圈数的偏向强度，以表示螺旋线是靠近底圈，还是靠近顶圈。

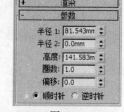

图 3-96

顺时针/逆时针：用于选择螺旋线旋转的方向。

3．参数的修改

通过对"参数"卷展栏的参数值进行设置，能改变螺旋线的形态，见表 3-5。

表 3-5

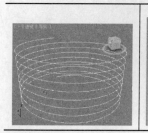
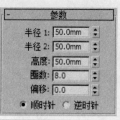

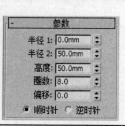

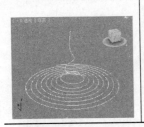

3.3　课堂练习——室内栅栏的制作

【练习知识要点】使用线工具，设置线的可渲染来完成模型的制作，如图 3-97 所示。

【效果图文件所在位置】光盘/CH03/效果/室内栅栏.max。

图 3-97

3.4　课后习题——储物架的制作

【习题知识要点】使用线、圆柱体工具，结合使用"挤出"修改器来完成模型的制作，如图 3-98 所示。

【效果图文件所在位置】光盘/CH03/效果/储物架的制作.max。

图 3-98

第4章

三维模型的创建

本章主要对各种常用的修改命令进行介绍，通过修改命令的编辑，可以使几何体的形体发生改变。读者通过学习本章的内容，要掌握各种修改命令的属性和作用，通过修改命令的配合使用，制作出完整精美的模型。

课堂学习目标

- 通过修改命令将二维图形转化为三维模型
- 三维模型的修改命令
- 编辑样条线命令和编辑网格命令的应用

4.1 修改命令面板功能简介

对于修改命令面板，在前面章节中对几何体的修改过程已经有过接触。通过修改命令面板可以直接对几何体进行修改，还能实现修改命令之间的切换。

创建几何体后，进入修改命令面板，面板中显示的是几何体的修改参数，当对几何体进行修改命令编辑后，修改命令堆栈中就会显示修改命令的参数，如图 4-1 所示。

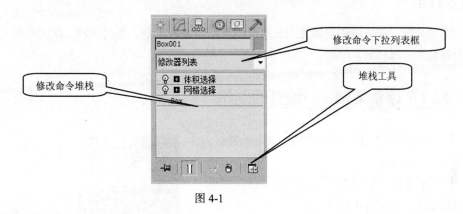

图 4-1

修改命令堆栈：用于显示使用的修改命令。

修改器列表 修改器列表 ：用于选择修改命令，单击后会弹出下拉菜单，可以选择要使用的修改命令。

修改命令开关 ：用于开启和关闭修改命令。单击后会变为 图标，表示该命令被关闭，被关闭的命令不再对物体产生影响，再次单击此图标，命令会重新开启。

从堆栈中移除修改器 ：用于删除命令，在修改命令堆栈中选择修改命令，单击"塌陷"按钮，即可删除修改命令，修改命令对几何体进行过的编辑也会被撤销。

配置修改器集 ：用于对修改命令的布局进行重新设置，可以将常用的命令以列表或按钮的形式表现出来。

在修改命令堆栈中，有些命令左侧有一个 图标，表示该命令拥有子层级命令，单击此按钮，子层级就会打开，可以选择子层级命令，如图 4-2 所示。选择子层级命令后，该命令会变为黄色，表示已被启用，如图 4-3 所示。

图 4-2

图 4-3

4.2 二维图形转化三维模型的方法

第3章介绍了二维图形的创建。通过对二维图形基本参数的修改，可以创建出各种形状的图形，但如何把二维图形转化为立体的三维图形并应用到建模中呢？本节将介绍通过修改命令，使二维图形转化为三维模型的建模方法。

命令介绍

车削命令：是二维图形转化为三维模型常用的修改命令。通过旋转二维图形的方法可将二维图形转化为三维图形。

4.2.1 课堂案例——地灯的制作

【案例学习目标】了解"车削"命令的特性，掌握命令的使用方法。

【案例知识要点】使用线、"车削"命令完成模型的制作，如图4-4所示。

【效果图文件所在位置】光盘/CH04/效果/地灯.max。

（1）单击" ✳ > 🗋 > ▇▇ 线 ▇▇ "按钮，在前视图中创建闭合图形，如图4-5所示，单击 ▇ 确定 ▇ 按钮。

（2）切换到修改 🖉 命令面板，将选择集定义为"顶点"，按Ctrl+A组合键，全选顶点，鼠标右击顶点，在弹出的快捷菜单中选择"Bezier角点"，如图4-6所示。

图 4-4

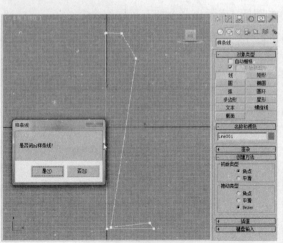

图 4-5

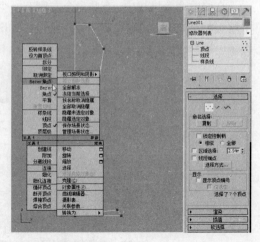

图 4-6

（3）在场景中调整图形的形状，如图 4-7 所示。

（4）提高图形的"插值 > 步数"，设置图形的平滑，如图 4-8 所示。

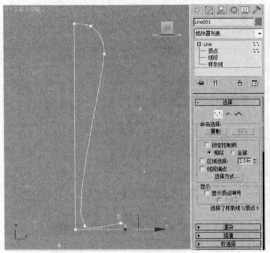

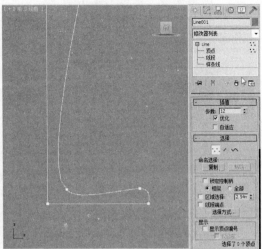

图 4-7　　　　　　　　　　　　　　　　　图 4-8

（5）关闭选择集，在修改器列表中选择"车削"修改器，在"参数"卷展栏中设置"方向"为 Y 轴，如图 4-9 所示。

（6）将车削的选择集定义为"轴"，并在前视图中沿着 X 轴移动，如图 4-10 所示。

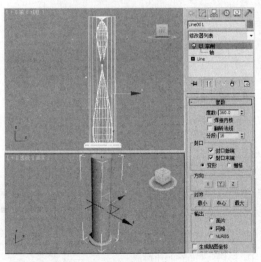

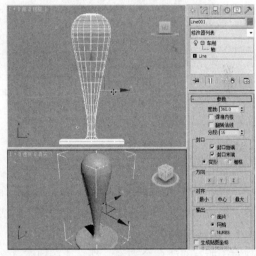

图 4-9　　　　　　　　　　　　　　　　　图 4-10

（7）如果对模型不满意，可以在修改器堆栈中返回到 Line，将选择集定义为"顶点"，在场景中调整图形的形状，如图 4-11 所示。

（8）回到车削修改器看效果，如图 4-12 所示。

（9）在修改器列表中选择"网格平滑"修改器，在"细分量"卷展栏中设置"迭代次数"为 0，如图 4-13 所示。

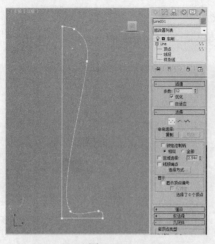

图 4-11

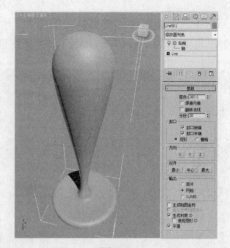

图 4-12

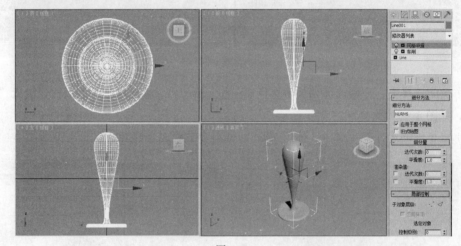

图 4-13

4.2.2 车削命令

"车削"命令是对线进行旋转，进而生成三维形体的命令。通过旋转命令，能得到表面圆滑的物体。下面介绍"车削"命令的使用。

1．选择车削命令

对于所有修改命令来说，都必须在物体被选中时才能对命令进行选择。"车削"命令是用于对二维图形进行编辑的命令，所以只有选择二维形体后才能选择"车削"命令。

在视图中任意创建一个二维图形，首先单击"修改"按钮 ，然后单击修改器列表 修改器列表 ，从中选择"车削"命令，如图 4-14 所示。

图 4-14

2．车削命令的参数

选择“车削”命令后，在修改命令面板中会显示“车削”命令的参数，如图 4-15 所示。

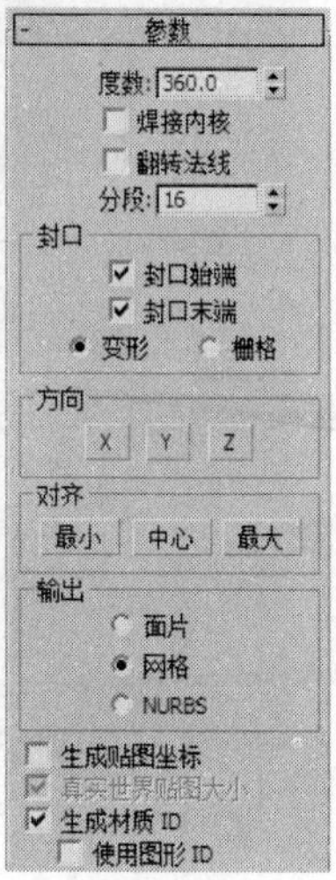

图 4-15

度数：用于设置旋转的角度。

焊接内核：将旋转轴上重合的点进行焊接精简，以得到结构相对简单的造型。

翻转法线：选择该复选框，将会翻转造型表面的法线方向。

⊙　封口选项组。

封口始端：将挤出的对象顶端加面覆盖。

封口末端：将挤出的对象底端加面覆盖。

变形：选中该按钮，将不进行面的精简计算，以便用于变形动画的制作。

栅格：选中该按钮，将进行面的精简计算，但不能用于变形动画的制作。

⊙　方向选项组用于设置旋转中心轴的方向。*X*、*Y*、*Z* 分别用于设置不同的轴向。系统默认 *Y* 轴为旋转中心轴。

⊙　对齐选项组用于设置曲线与中心轴线的对齐方式。

最小：将曲线内边界与中心轴线对齐。

中心：将曲线中心与中心轴线对齐。

最大：将曲线外边界与中心轴线对齐。

命令介绍

倒角命令：将图形挤出为 3D 对象并在边缘应用平或圆的倒角。此修改器的一个常规用法是创建 3D 文本和徽标，而且可以应用于任意图形。

4.2.3　课堂案例——礼仪镜的制作

【案例学习目标】掌握“倒角”命令的参数，并能够熟练运用。

【案例知识要点】使用“倒角”命令对二维图形进行编辑，完成模型的制作，如图 4-16 所示。

图 4-16

【效果图文件所在位置】光盘/CH04/效果/礼仪镜.max。

（1）单击“ > > 矩形 ”按钮，在前视图中创建矩形，在“参数”卷展栏中设置合适的矩形参数，如图 4-17 所示。

（2）切换到修改命令面板，将选择集定义为“样条线”，在场景中选择矩形，在“几何体”卷展栏中设置“轮廓”的参数为 – 30，按 Enter 键确定设置轮廓，如图 4-18 所示。

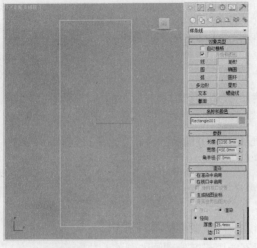

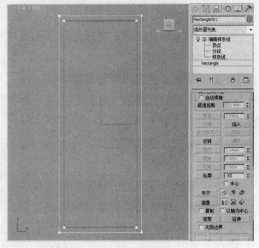

图 4-17　　　　　　　　　　　　　　　　　　　图 4-18

（3）关闭选择集，在修改器列表中选择"倒角"修改器，设置合适的倒角值，如图 4-19 所示。

（4）确定模型处于选择状态，按 Ctrl+V 组合键，在弹出的对话框中选择"复制"选项，单击 确定 按钮，如图 4-20 所示。

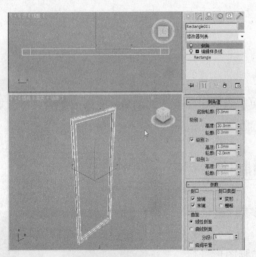

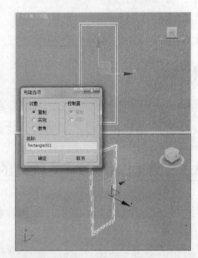

图 4-19　　　　　　　　　　　　　　　　　　　图 4-20

（5）选择复制出的模型，在修改器堆栈中选择"编辑样条线"修改器，将选择集定义为"样条线"，在场景中选择外侧的样条线，如图 4-21 所示，按 Delete 键，将样条线删除。

（6）确定选择集为"样条线"，在"几何体"卷展栏中设置"轮廓"参数为 12，按 Enter 键，确定设置轮廓，如图 4-22 所示。关闭选择集，回到"倒角"修改器，设置合适的倒角参数，如图 4-23 所示。

（7）选择第一个矩形设置倒角后的模型，按 Ctrl+V 组合键，在弹出的对话框中选择"复制"选项，单击"确定"按钮，如图 4-24 所示。

（8）选择复制出的模型，在修改器堆栈中回到"编辑样条线"修改器中，将选择集定义为"顶点"，在场景中调整顶点到模型的内侧，如图 4-25 所示。关闭选择集，回到"倒角"修改器，看一下模型，如图 5-26 所示。

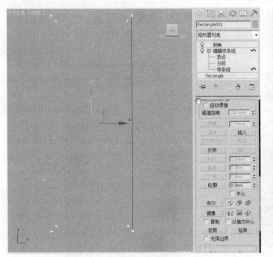

图 4-21

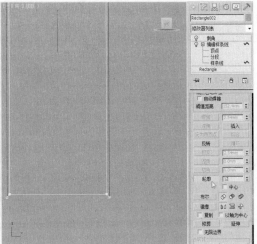

图 4-22

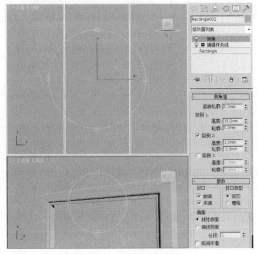

图 4-23

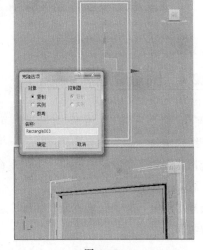

图 4-24

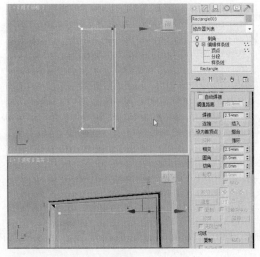

图 4-25

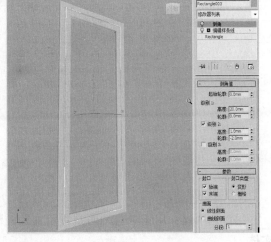

图 4-26

（9）在前视图中创建长方体作为镜面，如图 4-27 所示，调整长方体的位置。

（10）完成的模型如图 4-28 所示。

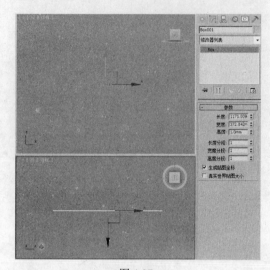

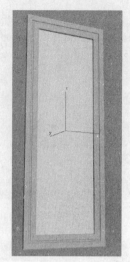

图 4-27   图 4-28

4.2.4　倒角命令

"倒角"命令只用于二维形体的编辑，可以对二维形体进行挤出，还可以对形体边缘进行倒角。下面介绍"倒角"命令的参数和用法。

选择"倒角"命令的方法与"车削"命令相同，选择时应先在视图中创建二维图形，选中二维图形后再选择"倒角"命令。

选择"倒角"命令后修改命令面板中会显示其参数，如图 4-29 所示。"倒角"命令的参数主要分为两部分。

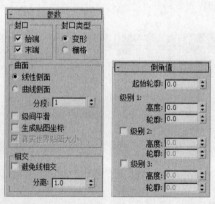

图 4-29

⊙　参数卷展栏。

封口选项组：用于对造型两端进行加盖控制。如果对两端都进行加盖处理，则成为封闭实体。

始端：将开始截面封顶加盖。

末端：将结束截面封顶加盖。

封口类型选项组：用于设置封口表面的构成类型。

变形：不处理表面，以便进行变形操作，制作变形动画。

栅格：进行表面网格处理，它产生的渲染效果要优于 Morph 方式。

曲面选项组：用于控制侧面的曲率和光滑度，并指定贴图坐标。

线性侧面：设置倒角内部片段划分为直线方式。

曲线侧面：设置倒角内部片段划分为弧形方式。

分段：设置倒角内部的段数。其数值越大，倒角越圆滑。

级间平滑：选中该复选框，将对倒角进行光滑处理，但总是保持顶盖不被光滑。

生成贴图坐标：为造型指定贴图坐标。

相交选项组：用于在制作倒角时，改进因尖锐的折角而产生的突出变形。

避免线相交：选中该复选框，可以防止尖锐折角产生的突出变形。

分离：设置两个边界线之间保持的距离间隔，以防止越界交叉。

⊙　倒角值卷展栏用于设置不同倒角级别的高度和轮廓。

起始轮廓：设置原始图形的外轮廓大小。

级别 1/级别 2/级别 3：分别设置 3 个级别的高度和轮廓大小。

命令介绍

挤出命令：将二维图形转化为三维模型的常用方法，将深度添加到图形中，并使其成为一个参数对象。

锥化命令：通过缩放对象，几何体的两端产生锥化轮廓；一端放大而另一端缩小。可以在两组轴上控制锥化的量和曲线，也可以对几何体的一端限制锥化。

扭曲命令：在对象几何体中产生一个旋转效果（就像拧湿抹布）。可以控制任意 3 个轴上扭曲的角度，并设置偏移来压缩扭曲相对于轴点的效果，也可以对几何体的一端限制扭曲。

4.2.5　课堂案例——餐厅桌椅的制作

【案例学习目标】掌握"挤出"命令的使用方法。

【案例知识要点】使用线、长方体、"挤出"命令完成模型的制作，如图 4-30 所示。

【效果图文件所在位置】光盘/ CH04/效果/餐厅桌椅.max。

（1）选择"文件 > 重置"命令进行系统重新设定，并将系统显示单位设置为毫米。

图 4-30

（2）单击"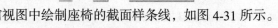 > > 　线　"按钮，在前视图中绘制座椅的截面样条线，如图 4-31 所示。

（3）切换到修改命令面板，将选择集定义为"顶点"，按 Ctrl+A 组合键，全选顶点，鼠标右击顶点，在弹出的对话框中选择"Bezier 角点"，如图 4-32 所示。

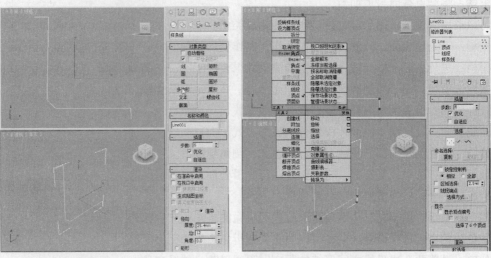

图 4-31　　　　　　　　　　　　　　　　　图 4-32

（4）定义顶点类型后，在场景中调整样条线的形状，如图 4-33 所示。

（5）将选择集定义为"样条线"，在"几何体"卷展栏中单击"轮廓"按钮，在场景中选择并移动样条线，设置出样条线的轮廓，如图 4-34 所示。

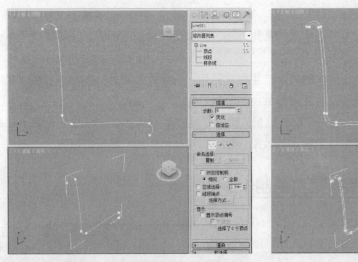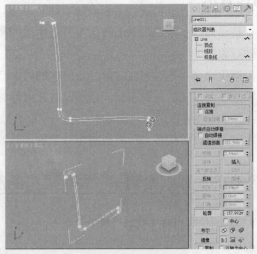

图 4-33　　　　　　　　　　　　　　　　　图 4-34

（6）关闭选择集，在修改器列表中选择"挤出"修改器，设置合适的挤出数量，如图 4-35 所示。由于创建样条线时没有参数依据，所以在后面的操作中参数设置合适即可。

（7）使用移动工具 ，在顶视图中按住 Shift 键移动复制模型，在弹出对话框中选择"复制"选项，单击"确定"按钮，如图 4-36 所示。

（8）在前视图中创建长方体作为支架，设置合适的参数，如图 4-37 所示。在顶视图中创建长方体，设置合适的参数，如图 4-38 所示。

（9）在顶视图中按住 Shift 键，使用移动工具 移动复制模型，如图 4-39 所示。复制并调整模型的参数，如图 4-40 所示。

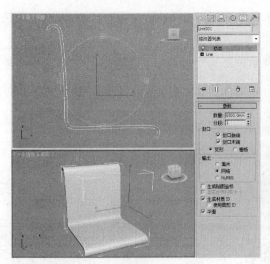

图 4-35

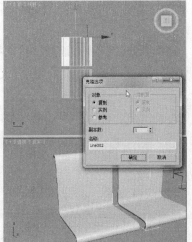

图 4-36

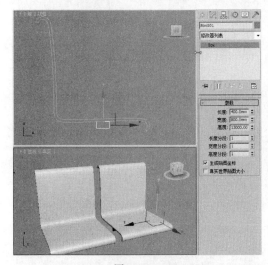

图 4-37

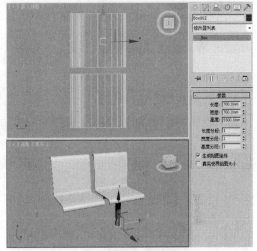

图 4-38

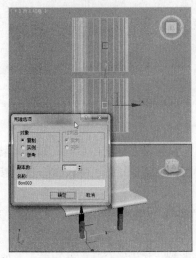

图 4-39

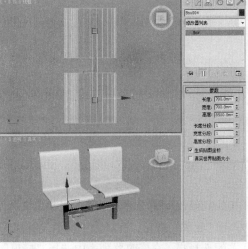

图 4-40

（10）单击"※ > ◎ > 矩形"按钮，在前视图中创建矩形，并设置矩形的参数，如图 4-41 所示。

（11）切换到修改◢命令面板，将选择集定义为"顶点"，在前视图中选择底端的顶点，如图 4-42 所示。

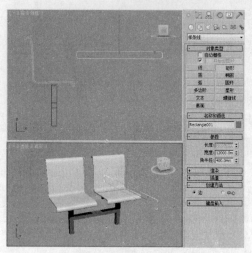

图 4-41

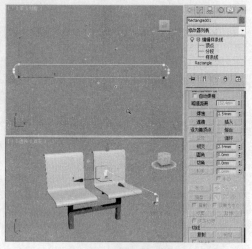

图 4-42

（12）在前视图中选择底端的顶点，并将顶点转换为"角点"，如图 4-43 所示。

（13）将底端的顶点向下移动，如图 4-44 所示。

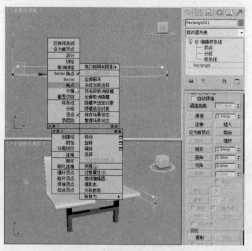

图 4-43

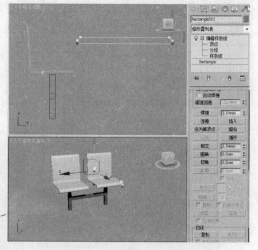

图 4-44

（14）关闭选择集，在修改器列表中选择"挤出"，并设置合适的挤出参数，如图 4-45 所示。

（15）单击"※ > ◎ > 矩形"按钮，在顶视图中创建矩形，并设置合适的参数，如图 4-46 所示。

（16）切换到修改◢命令面板，将选择集定义为"样条线"，在场景中选择矩形，在"几何体"卷展栏中单击"轮廓"按钮，在场景中拖动设置出矩形的轮廓，如图 4-47 所示。

（17）关闭选择集，在修改器列表中选择"挤出"修改器，并设置合适的挤出数量，如图 4-48

所示。在场景中复制座椅模型，如图 4-49 所示。

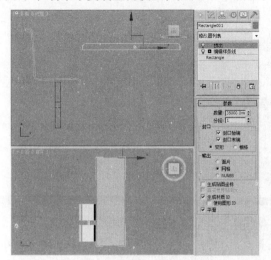

图 4-45

图 4-46

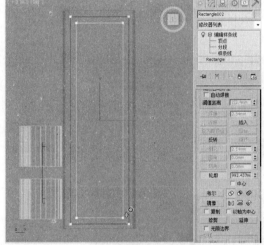

图 4-47

图 4-48

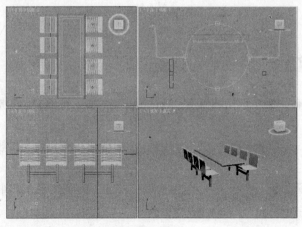

图 4-49

（18）在场景中复制并调整长方体作为桌子的支架，调整模型的位置和角度，并对模型进行复制，如图 4-50 所示。

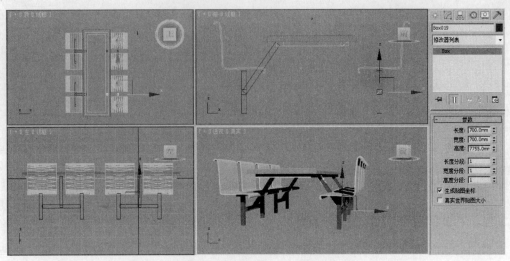

图 4-50

（19）完成的餐厅桌椅模型，如图 4-51 所示。

图 4-51

4.2.6　挤出命令

"挤出"命令可以使二维图形增加厚度，转化成三维物体。下面介绍"挤出"命令的参数和使用方法。

单击"　> 　> 星形 "按钮，在透视图中创建一个星形，参数不用设置，如图 4-52 所示。

单击修改器列表修改器列表　　　　▼，从中选择"挤出"命令，可以看到星形已经受到"挤出"命令的影响变为一个星形平面，如图 4-53 所示。

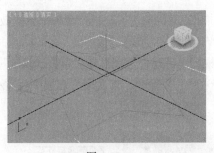

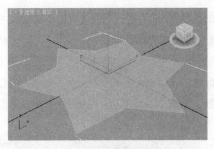

图 4-52　　　　　　　　　　　　　　　　　图 4-53

在"数量"的数值框中设置参数，星形的高度会随之变化，如图 4-54 所示。

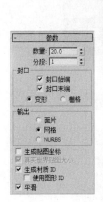

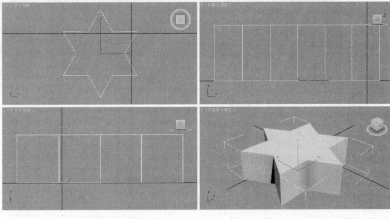

图 4-54

"挤出"命令的参数如下。

数量：用于设置挤出的高度。

分段：用于设置在挤出高度上的段数。

⊙　封口选项组。

封口始端：将挤出的对象顶端加面覆盖。

封口末端：将挤出的对象底端加面覆盖。

变形：选中该按钮，将不进行面的精简计算，以便用于变形动画的制作。

栅格：选中该按钮，将进行面的精简计算，不能用于变形动画的制作。

⊙　输出选项组用于设置挤出的对象的输出类型。

面片：将挤出的对象输出为面片造型。

网格：将挤出的对象输出为网格造型。

NURBS：将挤出的对象输出为 NURBS 曲面造型。

"挤出"命令的用法比较简单，一般情况下大部分修改参数保持为默认设置即可，只对"数量"的数值进行设置就能满足一般建模的需要。

4.2.7　锥化命令

"锥化"命令主要用于对物体进行锥化处理，通过缩放物体的两端而产生锥形轮廓，同时可以

115

加入光滑的曲线轮廓。通过调节锥化的倾斜度和曲线轮廓的曲度，还能产生局部锥化效果。

1．锥化命令的参数

单击"　　＞　　＞　　圆柱体　　"按钮，在透视图中创建一个圆柱体，单击"修改"按钮　，然后单击修改器列表　修改器列表　，从中选择"锥化"命令，修改命令面板中会显示"锥化"命令的参数，圆柱体周围会出现锥化命令的套框，如图4-55所示。

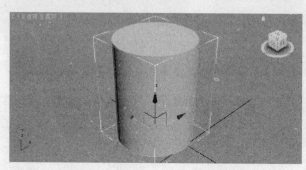

图4-55

⊙　锥化选项组。

数量：用于设置锥化倾斜的程度。

曲线：用于设置锥化曲线的曲率。

⊙　锥化轴选项组用于设置锥化所依据的坐标轴向。

主轴：用于设置基本的锥化依据轴向。

效果：用于设置锥化所影响的轴向。

对称：选中该复选框，将会产生相对于主坐标轴对称的锥化效果。

⊙　限制选项组用于控制锥化的影响范围。

限制效果：打开限制影响，将允许用户限制锥化影响的上限值和下限值。

上限/下限：分别设置锥化限制的区域。

2．锥化命令参数的修改

对圆柱体进行"锥化"命令编辑，在"数量"的数值框中设置数值，即可使圆柱体产生锥化效果，见表4-1。圆柱体的参数均为系统默认设置。

表4-1

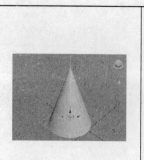
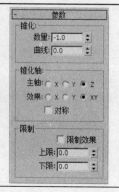
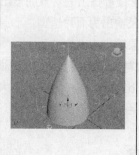
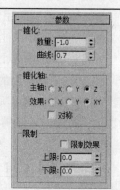

续表

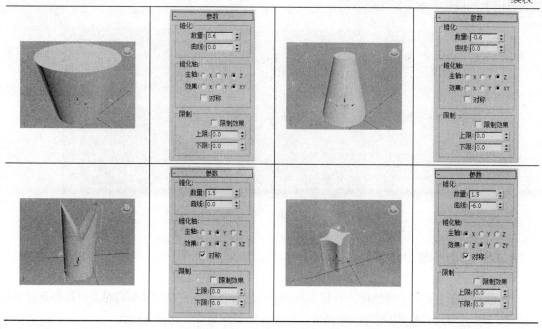

几何体的分段数和锥化的效果有很大关系，段数越多，锥化后物体表面就越圆滑。继续以圆柱体为例，通过改变段数，来观察锥化效果的变化，操作步骤如下。

（1）在圆柱体参数不变的情况下，对其进行"锥化"命令编辑，效果如图 4-56 所示。

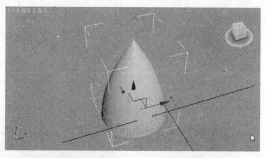

图 4-56

（2）在修改命令堆栈中单击"Cylinder"选项，在参数面板中将圆柱体高度分段的段数设置为"1"，这时圆柱体的形状发生了改变，如图 4-57 所示。

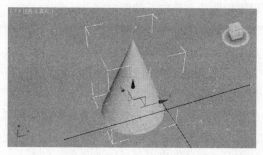

图 4-57

（3）增大锥化命令的曲线参数，圆柱体的形状不发生变化，如图 4-58 所示，这说明圆柱体在锥化方向上的段数影响着锥化的效果。

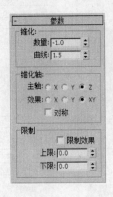

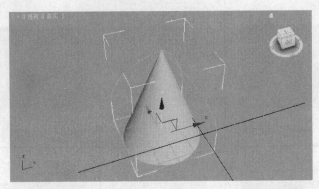

图 4-58

4.2.8　扭曲命令

"扭曲"命令主要用于对物体进行扭曲处理。通过调整扭曲的角度和偏移值，可以得到各种扭曲效果，同时还可以通过限制参数的设置，使扭曲效果限定在固定的区域内。

1．扭曲命令的参数

单击" ※ > ○ > 长方体 "按钮，在透视图中创建一个长方体，然后单击"修改"按钮 ⚙ ，单击修改器列表 修改器列表 ▼，从中选择"扭曲"命令，修改命令面板中会显示扭曲命令的参数，如图 4-59 所示，透视图中长方体周围会出现扭曲命令的套框，如图 4-60 所示。

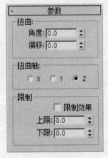

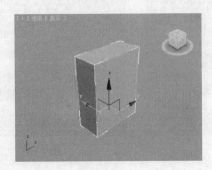

图 4-59　　　　　　　　　　图 4-60

角度：用于设置扭曲的角度大小。

偏移：用于设置扭曲向上或向下的偏向度。

扭曲轴：用于设置扭曲依据的坐标轴向。

限制效果：选中该复选框，打开限制影响。

上限/下限：用于设置扭曲限制的区域。

2．扭曲命令参数的修改

由于长方体的参数在默认设置下各个方向上的段数都为"1"，所以这时设置扭曲的参数是看不出扭曲效果的，所以应该先设置长方体的段数，将各方向上的段数都改为"6"。这时再调整扭曲命令的参数，就可以看到长方体发生的扭曲效果，见表 4-2。

表 4-2

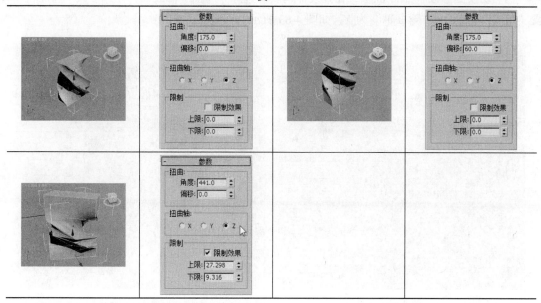

使用扭曲命令时，应对物体设定合适的段数。灵活运用限制参数也能很好地达到扭曲效果。

4.3 弯曲命令

"弯曲"命令是一个比较简单的命令，可以使物体产生弯曲效果。弯曲命令可以调节弯曲的角度和方向以及弯曲所依据的坐标轴向，还可以将弯曲修改限制在一定区域内。

命令介绍

弯曲命令：允许将当前的选中对象围绕单独轴弯曲 360°，在对象几何体中产生均匀弯曲。可以在任意 3 个轴上控制弯曲的角度和方向，也可以对几何体的一段限制弯曲。

4.3.1 课堂案例——餐桌椅的制作

【案例学习目标】掌握"弯曲"命令的使用及参数修改。

【案例知识要点】使用切角长方体和弯曲命令来完成模型的制作，如图 4-61 所示。

【效果图文件所在位置】光盘/CH04/效果/餐桌椅.max。

（1）选择"文件 > 重置"命令进行系统重新设定，并将系统显示单位设置为毫米。

（2）单击" :::: > 〇 > 扩展基本体 > 切角长方体"按钮，在前视图中创建切角长方体，并设置合适的参数，如图 4-62 所示。

图 4-61

（3）切换到修改命令面板，在修改器列表中选择"弯曲"修改器，在"参数"卷展栏中设置"角度"为 50.0、"弯曲轴"为 X，如图 4-63 所示。

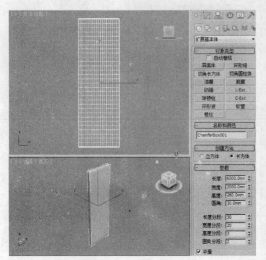
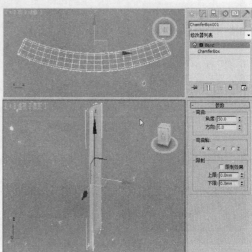

图 4-62　　　　　　　　　　图 4-63

（4）再次为其施加"弯曲"修改器，设置弯曲的"角度"为－90.0，"弯曲轴"为 Y，勾选"限制效果"选项，设置合适的参数，如果场景中的模型没有出现如图 4-64 所示的效果，就可以将选择集定义为"Gizmo"，在场景中旋转 Gizmo。

（5）在场景中调整 Gizmo 到合适的位置，如图 4-65 所示。

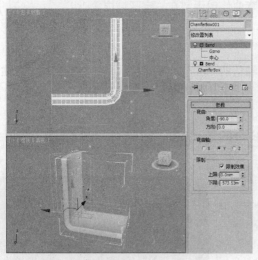
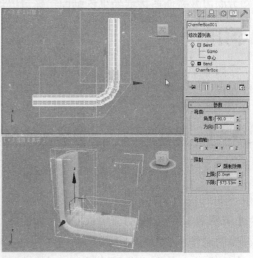

图 4-64　　　　　　　　　　图 4-65

（6）在修改器堆栈中回到切角长方体的修改参数面板，并设置合适的长度，如图 4-66 所示。

（7）重新调整第二个弯曲参数，如图 4-67 所示。

（8）在左视图中旋转模型角度，如图 4-68 所示。

（9）单击"📦 > ▣ > 　线　"按钮，在左视图中创建可渲染的样条线，并设置合适的渲染参数，如图 4-69 所示。

（10）切换到层次 命令面板，在"调整轴"卷展栏中单击打开"仅影响轴"按钮，在顶视图中调整轴的位置，如图 4-70 所示。

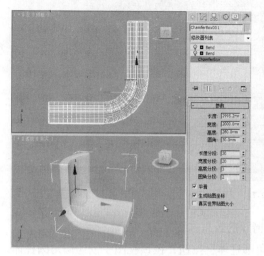
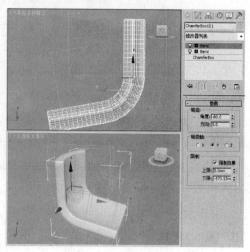

图 4-66　　　　　　　　　　　　　　　　　图 4-67

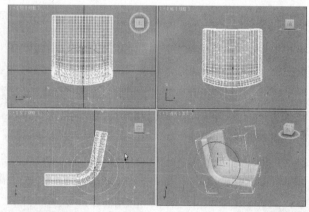

图 4-68

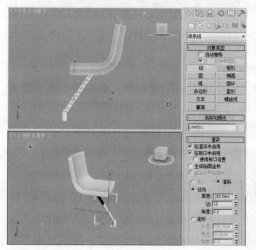
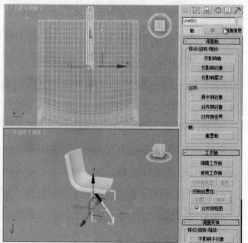

图 4-69　　　　　　　　　　　　　　　　　图 4-70

（11）在菜单栏中选择"工具 > 阵列"命令，在弹出的对话框中设置阵列参数，如图4-71所示。

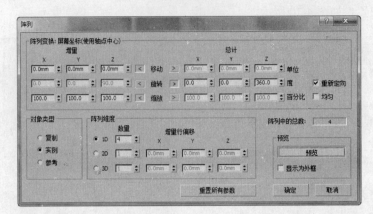

图4-71

（12）实例阵列复制模型后，调整模型的座椅腿的效果如图4-72所示。

（13）单击" ※ > ○ > 扩展基本体 > 切角圆柱体"按钮，在顶视图中创建切角圆柱体，并设置合适的参数，在场景中复制调整模型，如图4-73所示。

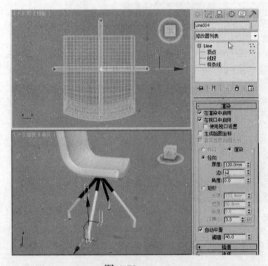

图4-72

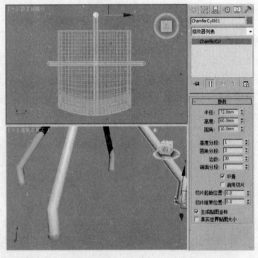

图4-73

（14）在顶视图中创建切角长方体，并设置合适的参数，如图4-74所示。

（15）单击" ※ > ○ > 矩形 "按钮，在左视图中创建矩形，并设置合适的参数，如图4-75所示。

（16）切换到修改 命令面板，将选择集定义为"样条线"，在场景中选择样条线，在"几何体"卷展栏中单击"轮廓"按钮，在场景中拖动设置样条线的轮廓，如图4-76所示，设置轮廓后单击"弹起"按钮关闭轮廓。

（17）关闭选择集，在场景中为图形施加"挤出"修改器，并设置合适的参数，如图4-77所示。

（18）在顶视图中使用移动 工具，按住Shift键，沿着X轴移动复制模型，在弹出的对话框中选择"复制"选项，如图4-78所示，单击 确定 按钮。复制椅子模型，完成餐桌椅组合，如图4-79所示。

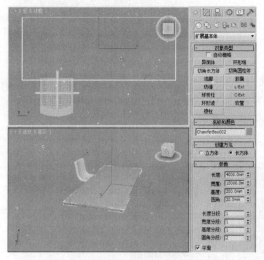

图 4-74

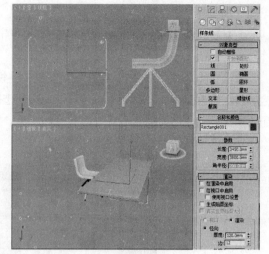

图 4-75

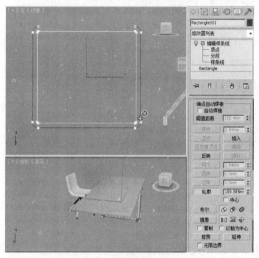

图 4-76

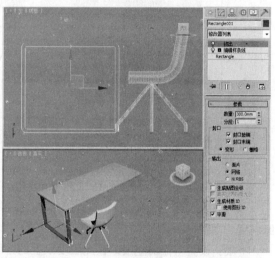

图 4-77

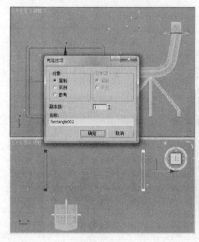

图 4-78

图 4-79

4.3.2 弯曲命令的参数

单击" ➕ > ⬭ > 圆柱体 "按钮，在视图中创建一个圆柱体，单击"修改"按钮 🖊，然后单击修改器列表 修改器列表 ⯆，从中选择"弯曲"命令，修改命令面板中会显示弯曲命令的参数，圆柱体周围会出现弯曲命令的套框，如图 4-80 所示。

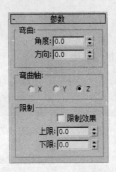 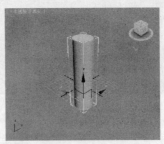

图 4-80

"弯曲"命令的参数如下。

⊙ 弯曲选项组用于设置弯曲的角度和方向。

角度：用于设置沿垂直面弯曲的角度大小。

方向：用于设置弯曲相对于水平面的方向。

⊙ 弯曲轴选项组用于设置弯曲所依据的坐标轴向。

X、Y、Z 用于指定将被弯曲的轴。

⊙ 限制选项组用于控制弯曲的影响范围。

限制效果：选中该复选框，将对对象指定限制影响的范围，其影响区域由下面的上、下限的值确定。

上限：设置弯曲的上限，在此限度以上的区域将不会受到弯曲的影响。

下限：设置弯曲的下限，在此限度与上限之间的区域将都受到弯曲的影响。

4.3.3 弯曲命令参数的修改

在参数面板中对"角度"的值进行调整，圆柱体会随之发生弯曲，如图 4-81 所示。

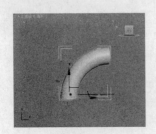 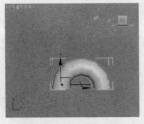 

（a）角度数值为 90° 　　　（b）角度数值为 180° 　　　（c）角度数值为 360°

图 4-81

将弯曲角度设置为 90°，依次选择弯曲轴向选项组中的 3 个轴向，圆柱体的弯曲方向会随之发生变化，如图 4-82 所示。

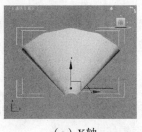
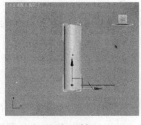

（a）X 轴　　　　　　　　　（b）Y 轴　　　　　　　　　（c）Z 轴

图 4-82

几何体的分段数与弯曲效果也有很大关系。几何体的分段数越多，弯曲表面就越光滑。对于同一几何体，弯曲命令的参数不变，如果改变几何体的分段数，形体也会发生很大变化。

在修改命令堆栈中单击"弯曲"命令前面的 ⊞ 按钮，会弹出弯曲命令的两个选项，如图 4-83 所示，然后单击"Gizmo"选项，视图中出现黄色的套框，如图 4-84 所示。

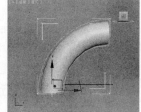

图 4-83　　　　　　　　　　　图 4-84

使用"移动"工具 ✛ 在视图中移动套框，圆柱体的弯曲形态会随之发生变化，如图 4-85 所示。

单击"中心"选项，视图中弯曲中心点的颜色会变为黄色，如图 4-86 所示，利用"移动"工具 ✛ 改变弯曲中心的位置，圆柱体的弯曲形态会随之发生变化，如图 4-87 所示。

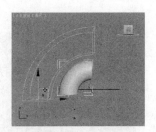

图 4-85　　　　　　　　　　　图 4-86

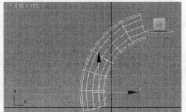

图 4-87

4.4　编辑样条线命令

"编辑样条线"修改器为选定图形的不同层级提供显示的编辑工具：顶点、分段或者样条线。"编辑样条线"修改器匹配基础"可编辑样条线"对象的所有功能。

命令介绍

编辑样条线命令：专门用于编辑二维图形的修改命令，在建模中的使用率非常高。编辑样条线命令与线的修改参数相同，但该命令可以用于所有二维图形的编辑修改。

4.4.1　课堂案例——新中式吊灯的制作

【案例学习目标】掌握"编辑样条线"命令的使用及参数设置。

【案例知识要点】使用线、矩形、切角长方体和"编辑样条线"命令完成模型的制作，如图 4-88 所示。

【效果图文件所在位置】光盘/CH04/效果/新中式吊灯.max。

图 4-88

（1）选择"文件 > 重置"命令进行系统重新设定，并将系统显示单位设置为毫米。

（2）单击" > > "按钮，在前视图中创建矩形，并设置合适的参数，如图 4-89 所示。

（3）切换到修改命令面板，在修改器列表中选择"编辑样条线"修改器，将选择集定义为"样条线"，在场景中设置样条线，在"几何体"卷展栏中设置"轮廓"参数，按 Enter 键设置轮廓，如图 4-90 所示。

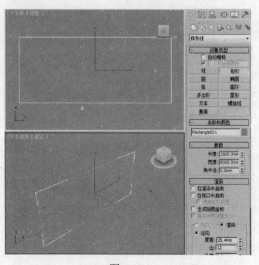

图 4-89

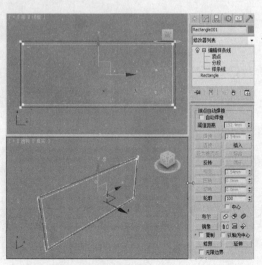

图 4-90

（4）关闭选择集，在修改器列表中选择"挤出"修改器，并设置合适的挤出数量，如图 4-91 所示。

（5）单击"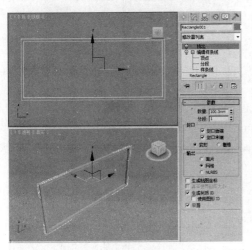 > ＜图标＞ > ＜线＞"按钮，在前视图中创建闭合的样条线，如图 4-92 所示。

| 图 4-91 | 图 4-92 |

（6）切换到修改 ＜图标＞ 命令面板，将选择集定义为"顶点"，在场景中调整图形的形状，如图 4-93 所示。

（7）关闭选择集，在修改器列表中选择"挤出"修改器，并设置合适的参数，调整模型的位置，如图 4-94 所示。

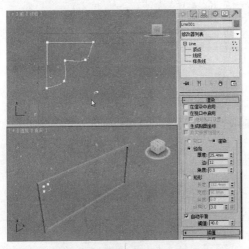

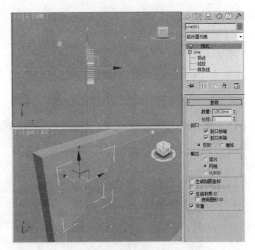

| 图 4-93 | 图 4-94 |

（8）在场景中复制模型，如图 4-95 所示。

（9）选择矩形模型，在场景中使用旋转 ＜图标＞ 工具，打开角度捕捉按钮 ＜图标＞，按住 Shift 键在顶视图中旋转模型 90°，松开鼠标，在弹出的对话框中选择"复制"选项，如图 4-96 所示。

（10）在修改器堆栈中回到"编辑样条线"修改器，将选择集定义为"顶点"，在场景中调整顶点，如图 4-97 所示。

（11）调整图形后，回到"挤出"修改器，并复制装饰模型，如图 4-98 所示。

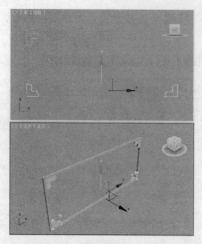

图 4-95

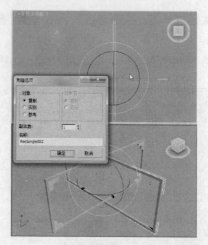

图 4-96

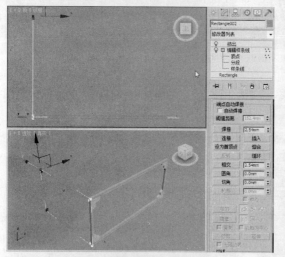

图 4-97

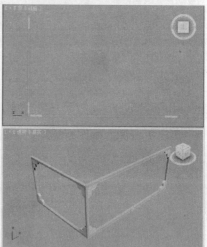

图 4-98

（12）复制模型，如图 4-99 所示。为顶底复制装饰模型，如图 4-100 所示。

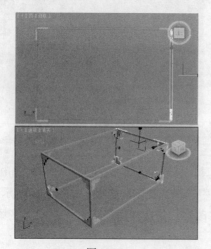

图 4-99

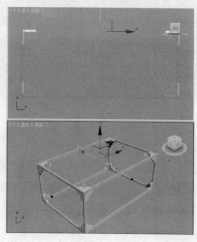

图 4-100

（13）在场景中创建的框架内侧创建长方体，并设置合适的参数，如图 4-101 所示。

（14）按 Alt+X 组合键，将选择的模型设置为透明效果，如图 4-102 所示。

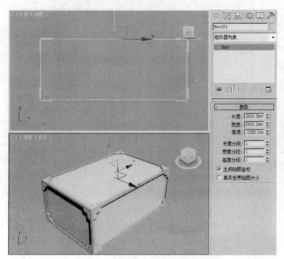

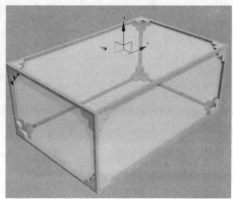

图 4-101　　　　　　　　　　　　　　　　　　图 4-102

（15）在场景中复制并调整长方体的参数，如图 4-103 所示。

（16）单击 " ❋ > ◯ > 扩展基本体 > 切角圆柱体 " 按钮，在顶视图中创建切角长方体，并设置合适的参数，如图 4-104 所示。

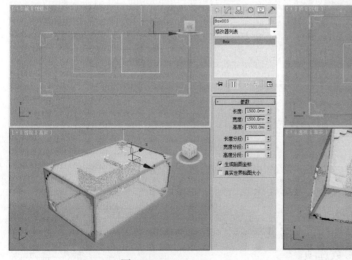

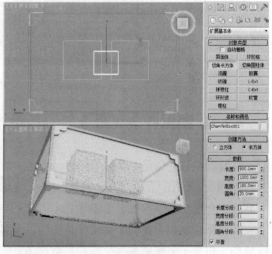

图 4-103　　　　　　　　　　　　　　　　　　图 4-104

（17）单击 " ❋ > ◯ >　线　" 按钮，在顶视图中创建可渲染的样条线，并设置合适的渲染参数，如图 4-105 所示。

（18）将选择集定义为 "顶点"，在场景中调整样条线的形状，如图 4-106 所示。

（19）关闭选择集，在场景中复制样条线，如图 4-107 所示。

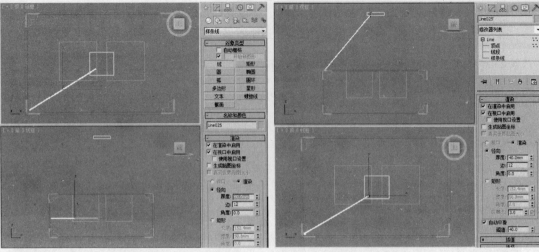

图 4-105   图 4-106

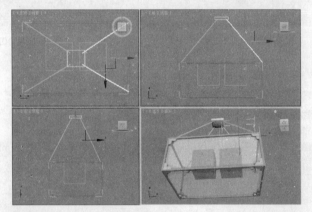

图 4-107

4.4.2　编辑样条线命令的参数设置

在视图中任意创建一个二维图形，单击"修改"按钮，然后单击修改器列表，从中选择"编辑样条线"命令，修改命令面板中会显示命令参数，如图 4-108 所示。

几何体卷展栏中提供了关于样条曲线的大量几何参数，其参数面板很繁杂，包含了大量的命令按钮和参数选项。

打开几何体卷展栏，依次激活"编辑样条线"命令的子层级命令，观察几何体卷展栏下的各参数命令。激活子层级命令，参数面板中相对应的命令也会被激活。下面对各子层级命令中的参数进行介绍，个别参数请参见第 3 章中的相关内容。

图 4-108

⊙　顶点参数。"顶点"层级命令的参数使用率比较高，是主要的命令参数。在修改命令堆栈中单击"顶点"选项，相应的参数命令被激活，如图 4-109 所示。

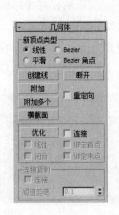

图 4-109

自动焊接：选中该选项，阈值距离范围内线的两个端点自动焊接。该选项在所有次对象级都可用。

阈值距离：用于设置实行自动焊接节点之间的距离。

焊接：可以将两个或多个节点合并为一个节点。

单击 " 　 > 　 > 　星形　" 按钮，在前视图中创建星形，单击 "修改" 按钮 ，然后单击修改器列表 修改器列表 ，从中选择 "编辑样条线" 命令；在修改命令堆栈中单击 " ＋ > 顶点" 选项，在视图中用光标框选两个节点，如图 4-110 所示，在参数面板中设置 "焊接" 数值，然后单击 　焊接　 按钮，选择的点即被焊接，如图 4-111 所示。"焊接" 的数值表示节点间的焊接范围，在范围内的节点才能被焊接。

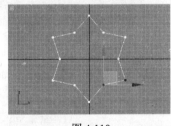

图 4-110　　　　　　　　　　　　　　　　　　图 4-111

焊接只能在一条线的节点间进行焊接操作，只能在相邻的节点间进行焊接，不能越过节点进行焊接。

连接：用于连接两个断开的点。单击 　连接　 按钮，将鼠标光标移到线的一个端点上，鼠标变为 形状，按住鼠标左键不放并拖曳光标到另一个端点上，如图 4-112 所示，松开鼠标左键，两个端点会连接在一起，如图 4-113 所示。

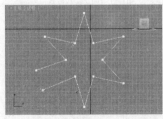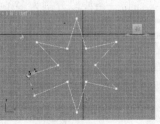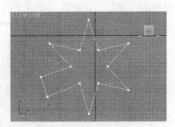

图 4-112　　　　　　　　　　　　　　　　　　　　　　　图 4-113

插入：用于在二维图形上插入节点。单击 插入 按钮后，将光标移到要插入节点的位置，鼠标变为 形状，如图 4-114 所示，单击鼠标左键，节点即被插入，插入的节点会跟随光标移动，如图 4-115 所示，不断单击鼠标左键则可以插入更多节点，单击鼠标右键结束操作，如图 4-116 所示。

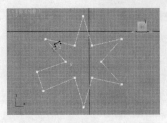
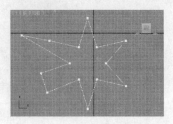

图 4-114　　　　　　　　　　图 4-115　　　　　　　　　　图 4-116

设为首顶点：用于将线上的一个节点指定为曲线起点。

熔合：用于将所选中的多个节点移动到它们的平均中心位置。选择多个节点后，单击 熔合 按钮，所选择的节点都会移到同一个位置，如图 4-117 所示。被熔合的节点是相互独立的，可以单独选择编辑，如图 4-118 所示。

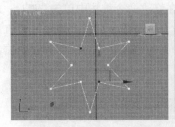
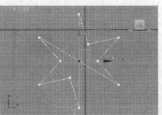
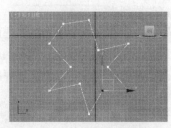

图 4-117　　　　　　　　　　　　　图 4-118

循环：用于循环选择节点。选择一个节点，然后单击此按钮，可以按节点的创建顺序循环更换选择目标。

圆角：可以在选定的节点处创建一个圆角。

切角：可以在选定的节点处创建一个切角。

删除：用于删除所选择的对象。

⊙ 分段参数。"分段"层级的参数命令比较少，使用率也相对较低。在修改命令堆栈中单击"分段"选项，相应的参数命令被激活，如图 4-119 所示。

图 4-119

拆分：用于平均分割线段。选择一个线段，然后单击 拆分 按钮，可在线段上插入指定数目的节点，从而将一条线段分割为多条线段，如图 4-120 所示。

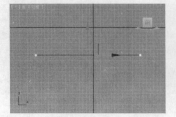

图 4-120

分离　：用于将选中的线段或样条曲线从样条曲线中分离出来。系统提供了 3 种分离方式供选择：同一图形、重定向和复制。

⊙ 样条线参数。样条线层级的参数使用率较高。下面着重介绍其中常用的参数命令，如图 4-121 所示。

　反转　：用于颠倒样条曲线的首末端点。选择一个样条曲线，然后单击　反转　按钮，可以将选择的样条曲线的第一个端点和最后一个端点颠倒。

　轮廓　：用于给选定的线设置轮廓。

　布尔　：用于将两个二维图形按指定的方式合并到一起，有 3 种运算方式：并集◎、差集◎和相交◎。

图 4-121

在前视图中创建一个矩形和一个星形，如图 4-122 所示，单击矩形将其选中，单击"修改"按钮，单击修改器列表 修改器列表 ▼ ，从中选择"编辑样条线"命令，在参数面板中单击　附加　按钮，然后单击星形，如图 4-123 所示，将它们结合为一个物体。在修改命令堆栈中单击 " ■ > 样条线" 选项，将矩形选中，然后选择运算方式后单击　布尔　按钮，在视图中单击星形，完成运算，如图 4-124 所示。

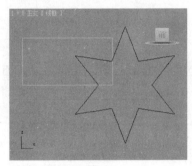
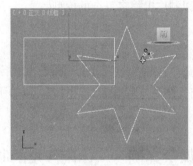

图 4-122　　　　　　　　　　　　　　　图 4-123

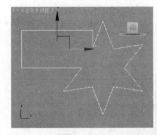
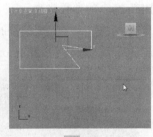
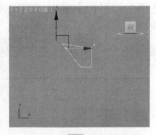

（a）◎并集方式　　　　　　（b）◎差集方式　　　　　　（c）◎交集方式

图 4-124

技巧 进行布尔运算必须是同一个二维图形的样条线对象，如果是单独的几个二维图形，应先使用　附加　工具，将图形附加为一个二维图形后，才能对其进行布尔运算。进行布尔运算的线必须是封闭的，样条曲线本身不能自相交，要进行布尔运算的线之间不能有重叠部分。

　镜像　：用于对所选择的曲线进行镜像处理。系统提供了 3 种镜像方式：水平镜像▯▯、垂

直镜像  和双向镜像 ⬦ 。

镜像命令下方有两个复选框。复制：可以将样条曲线复制并镜像产生一个镜像复制品。以轴为中心：用于决定镜向的中心位置。若选中该复选框，将以样条曲线自身的轴心点为中心镜像曲线。未选中时，则以样条曲线的几何中心为中心来镜像曲线。"镜像"命令的使用方法与前面的"布尔"命令相同。

　　修剪：用于删除交叉的样条曲线。

　　延伸：用于将开放样条曲线最接近拾取点的端点扩展到曲线的交叉点。一般在应用"修剪"命令后使用此命令。

以上介绍了"编辑样条线"命令中比较重要的参数，它们都是在实际建模中经常使用到的参数命令。该命令的参数比较多，要熟练掌握还需要实际操作。下面的章节将会通过几个典型实例来帮助大家熟练运用。

4.5　编辑网格命令

"编辑网格"命令专门用于编辑三维物体的修改命令，在建模中的使用率非常高。利用"编辑网格"命令可以制作出很多复杂的模型。

命令介绍

编辑网格命令：提供选定对象不同子对象层级的显式编辑工具：顶点、边、面、多边形和元素。"编辑网格"命令与基础可编辑网格对象的所有功能相匹配，只是不能在"编辑网格"设置子对象动画。

4.5.1　课堂案例——休闲沙发的制作

【案例学习目标】掌握"编辑网格"命令的参数修改。

【案例知识要点】使用球体和"编辑网格"命令完成模型的制作，如图 4-125 所示。

【效果图文件所在位置】光盘/CH04/效果/休闲沙发.max。

图 4-125

（1）选择"文件 > 重置"命令进行系统重新设定，并将系统显示单位设置为毫米。

（2）单击"⚙ > ○ > 球体"按钮，在顶视图中创建球体，并设置合适的参数，如图 4-126 所示。

（3）切换到修改✏命令面板，为模型施加"编辑网格"修改器，将选择集定义为"顶点"，在场景中选择顶部中心的一个顶点，如图 4-127 所示。

（4）在"软选择"卷展栏中勾选"使用软选择"选项，设置"衰减"参数，并在场景中沿着Y轴向下移动顶点，如图 4-128 所示。

（5）设置"衰减"参数，并在场景中选择如图 4-129 所示的顶点，移动顶点。继续调整软选择的顶点，调整靠背处的效果，如图 4-130 所示。调整座椅口处的顶点，如图 4-131 所示。

（6）在场景中选择底部的顶点，使用缩放工具⬚，在左视图中缩放顶点，如图 4-132 所示。

（7）调整底部的顶点到合适的效果，如图 4-133 所示。

（8）调整模型软选择的顶点达到满意的效果，如图 4-134 所示。

（9）在场景中选择座椅顶部的一边，如图 4-135 所示。

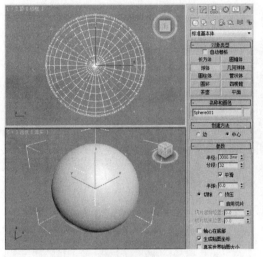

图 4-126

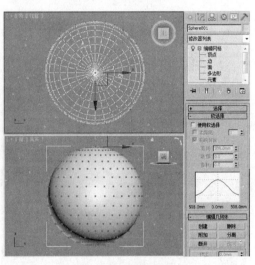

图 4-127

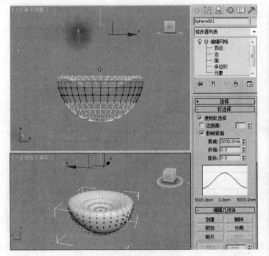

图 4-128

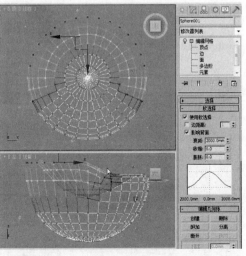

图 4-129

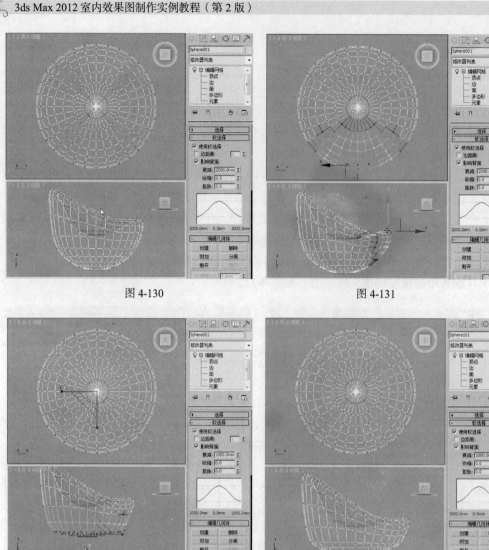

图 4-130

图 4-131

图 4-132

图 4-133

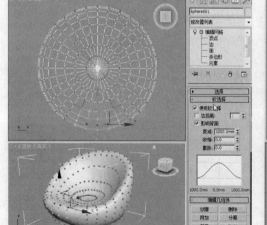

图 4-134

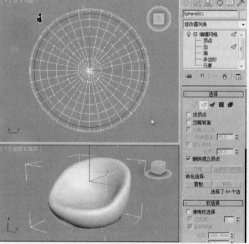

图 4-135

（10）选择边后，在"几何体"卷展栏中设置"切角"参数，如图 4-136 所示。

（11）选择设置切角后的边，如图 4-137 所示。

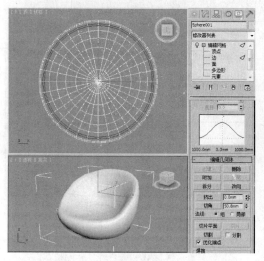
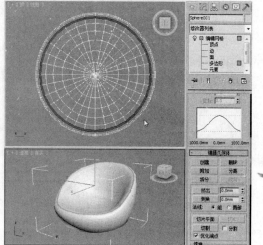

图 4-136   图 4-137

（12）在"编辑几何体"卷展栏中设置多边形的"挤出"，如图 4-138 所示。

（13）在"编辑几何体"卷展栏中设置多边形的"倒角"，如图 4-139 所示。

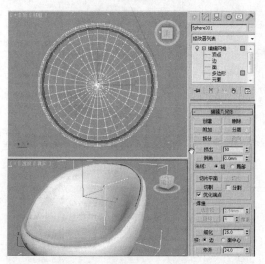
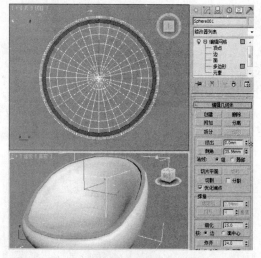

图 4-138   图 4-139

（14）继续设置"挤出"参数，如图 4-140 所示。设置"倒角"参数，如图 4-141 所示。

（15）关闭选择集，设置挤出和倒角后的模型，如图 4-142 所示。

（16）为模型施加"网格平滑"修改器，使用默认的参数，如图 4-143 所示。

（17）创建可渲染的样条线作为沙发腿，调整样条线的形状，并设置合适的渲染厚度，如图 4-144 所示。

（18）切换到 ⅏ 层次命令面板，单击"仅影响轴"按钮，在顶视图中调整轴，如图 4-145 所示。

137

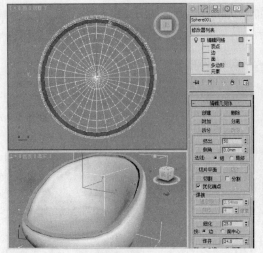

图 4-140

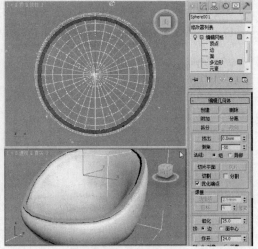

图 4-141

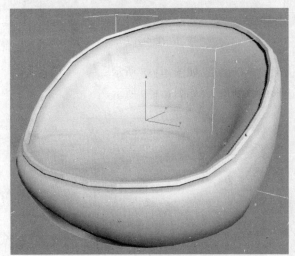

图 4-142

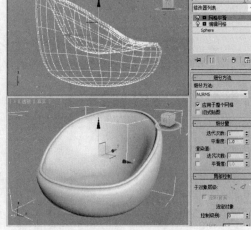

图 4-143

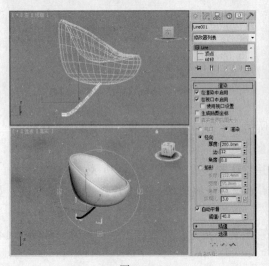

图 4-144

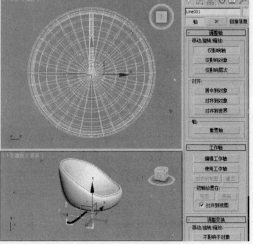

图 4-145

（19）在菜单栏中选择"工具 > 阵列"命令，在弹出的对话框中设置阵列参数，如图 4-146
所示。调整阵列出的模型，达到满意的效果，完成模型的制作，如图 4-147 所示。

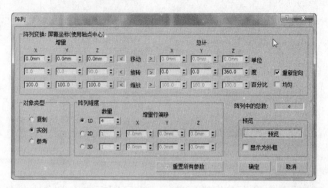

图 4-146

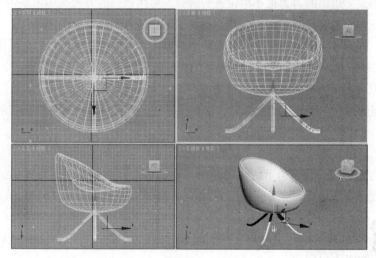

图 4-147

4.5.2　编辑网格命令的参数设置

在视图中创建一个三维几何体，单击 按钮，然后单击修改器列表
，从中选择"编辑网格"命令，命令面板中会显示其命
令参数，如图 4-148 所示。

下面就对"编辑网格"命令的参数作具体介绍。

⊙ 选择卷展栏是与选择次对象有关的应用工具，可利用它们来对网格
对象的顶点、边、面、多边形和元素进行选择。卷展栏中的选项按钮是与
修改命令堆栈相对应的，如图 4-149 所示。

图 4-148

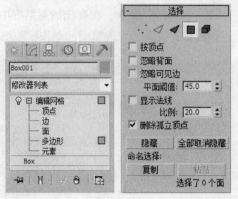

图 4-149

 顶点：以对象的顶点为最小单位进行选择，也可用框选的方式选中多个点。

边：以面或多边形的边为最小单位进行选择，可用框选的方式选中多条边。

面：以三角面为最小单位进行选择，也可用框选的方式选中多个面。

多边形：以所有共面的三角面所组成的多边形为最小单位进行选择，也可用框选的方式选中多个多边形。一般情况下，多边形就是可见的线框边界所组成的那部分区域。

元素：以所有相邻的面组成的元素为最小单位进行选择。

按顶点：当选择除点级的其他层级时，该选项可用。可通过对对象表面顶点的选取来选择其周围的次对象。

忽略背面：启用该复选框，选择时只能选择面向视图方向的次对象。

忽略可见边：只有选择多边形级次对象时，该选项才可用。启用该复选框，当单击一个面时，将会根据此选项下方的"平面阈值"来决定向周围辐射多远的选择范围，这在选择曲面时非常有用。

⊙ 编辑几何体卷展栏提供了一组用于转换网格对象次对象的工具，主要用于修改和编辑网格物体。参数面板如图 4-150 所示。

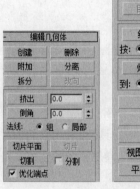

图 4-150

"编辑几何体"卷展栏中的参数分别对应不同的层级对象，选择不同的子层级，会有相应的命令被激活。本节将介绍命令面板中比较重要的参数。

删除 ：用于删除当前所选中的网格对象。

附加 ：单击该按钮，在视图中单击其他对象，可以将其合并到当前对象。

拆分 ：在"顶点"层级会显示为 断开 按钮，可以将节点间的光滑连续性打断，从而影响点对象定义的面的光滑连续性。

挤出 ：可以对选择的边、面或多边形次对象进行挤压操作。它将为当前选择的边或面加入一个厚度，使它凸出或凹入表面，从而增加更多的面来增加几何体复杂程度。其右侧的数值框可用于控制挤压效果的长度，如图 4-151 所示。

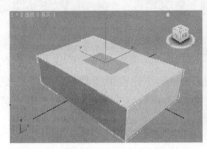

图 4-151

倒角 ：在"顶点"和"边"层级中会显示为 切角 。使用此功能，可将选定的顶点或边界对象创建为一个斜面。进入物体的点层级或边层级，选择节点或边，调整右侧数值框的数值，节点或边对象就会产生斜面，如图 4-152 所示。

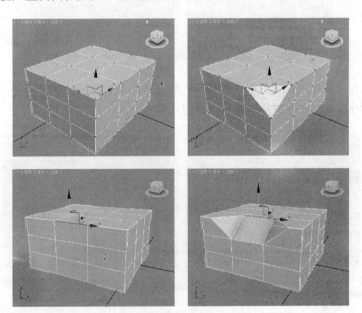

图 4-152

切片平面 ：单击此按钮可以在网格对象的中间放置一个黄色的剪切平面，同时激活其右侧的 切片 按钮。剪切平面可以利用移动、旋转和缩放工具进行调整。

切片 ：单击该按钮，可以将对象沿剪切平面断开，如图 4-153 所示。

切割 ：单击该按钮，可以在各个连续的表面上绘制新的边。用户可以在边界上的任意位置切割边，以产生多条新边，如图 4-154 所示。

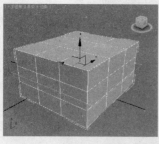 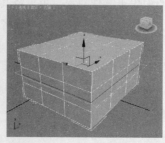 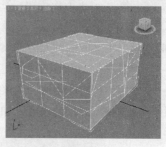

图 4-153   图 4-154

分割：选择该复选框，在"切片"和"切割"时都将在边的分割处产生双重顶点。

选定项：用于将选择范围内的多个节点焊接在一起。选择需要焊接的节点，在其右边的数值框中输入数值，用于决定节点的阈值范围。单击 选定项 按钮，若一个节点进入另一节点的阈值范围，则两节点就被焊接在一起，如图 4-155 所示。

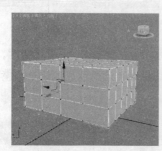 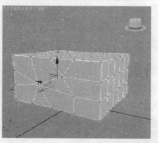

图 4-155

塌陷：在"顶点"层级中单击该按钮，所选择的节点将被合并成一个公共的节点，且新节点的位置是所有被选节点位置的平均值，如图 4-156 所示。

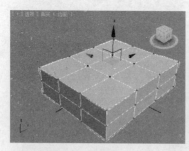 

图 4-156

4.6   课堂练习——吧椅的制作

【练习知识要点】综合运用本章介绍的"挤出"、"倒角"和"编辑网格"修改器的应用，如图 4-157 所示。

【效果图文件所在位置】光盘/CH04/效果/吧椅.max。

图 4-157

4.7　课堂练习——床头柜的制作

【练习知识要点】运用"挤出"命令制作床头柜模型，如图 4-158 所示。

【效果图文件所在位置】光盘/CH04/效果/床头柜.max。

图 4-158

4.8　课后习题——花瓶的制作

【习题知识要点】使用"线"和"车削"命令完成模型的制作，如图 4-159 所示。

【效果图文件所在位置】光盘/CH04/效果/花瓶.max。

图 4-159

第**5**章

复合对象的创建

本章将介绍复合对象的创建方法，以及布尔运算和放样变形命令的使用。读者通过学习本章内容，要了解并掌握使用两种复合对象创建工具制作模型的方法和技巧。通过本章的学习，希望读者可以融会贯通，掌握复合对象的创建技巧，制作出具有想象力的图像效果。

课堂学习目标

- 布尔运算建模
- 放样命令建模
- 放样的变形工具

5.1　复合对象创建工具简介

复合对象是将两个以上的物体通过特定的合成方式结合为一个物体，在合成过程中还可以对物体的形体进行调节。在某些复杂建模中，复合对象是快速建模方法的首选，尤其是"布尔"和"放样"工具，这两种复合对象创建工具在 3ds Max 较早的版本中就被使用。

在创建命令面板中单击下拉列表框，从中选择"复合对象"选项，如图 5-1 所示，进入复合对象的创建面板。3ds Max 2012 提供了 12 种复合对象的创建工具，如图 5-2 所示。

图 5-1　　　　　　　　　　图 5-2

变形：通过两个或两个以上物体之间的形状转换来制作动画。

散布：可以将某一物体无序地散布在另一物体上，通过它可以制作头发、胡须和草地等物体。

一致：将一个物体的顶点投射到另一个物体上，使被投射的物体产生变形。

连接：在两个或两个以上表面有开口的物体之间建立封闭的表面，将它们焊接在一起，并且产生光滑的过渡。

水滴网格：是一种实体球，具有将距离近的水滴球融合在一起的特性。水滴球是 3ds Max 6 新增的复合对象。

图形合并：可以将二维造型融合在三维网格物体上。

布尔：通过对两个以上的物体进行并集、差集和交集的运算，从而得到新的物体形态。

地形：用于建立地形物体。

放样：用于将两个或两个以上的二维图形组合成三维图形。

网格化：可以使自身形状变成任何网格物体，主要配合粒子系统制作动画。

ProBoolean：将大量功能添加到传统的 3ds Max 布尔对象中，如拥有每次使用不同的布尔运算，立刻组合多个对象的功能。

ProCutter：用于爆炸、断开、装配、建立截面或将对象（如 3D 拼图等）拟合在一起的工具。

5.2　布尔运算建模

在建模过程中，经常会遇到两个或多个物体需要相加和相减的情况，这时就会用到布尔运算工具。

命令介绍

布尔运算：是一种逻辑数学的计算方法，可以通过对两个或两个以上的物体进行并集、差集和交集的运算，得到新形态的物体。

5.2.1 课堂案例——装饰画的制作

【案例学习目标】掌握布尔运算的原理，熟悉参数的修改。

【案例知识要点】使用长方体、矩形工具、移动工具和布尔运算完成模型的制作，如图5-3所示。

【效果图文件所在位置】光盘/CH05/效果/装饰画.max。

（1）选择"文件 > 重置"命令进行系统重新设定，并将系统显示单位设置为毫米。

（2）单击" :: > ○ > 长方体 "按钮，在前视图中创建长方体，并设置合适的参数，如图5-4所示。

（3）选择长方体，按Ctrl+V组合键，在弹出的"克隆选项"对话框中选择"复制"选项，单击 确定 按钮，如图5-5所示。

图 5-3

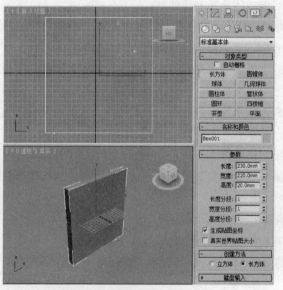

图 5-4

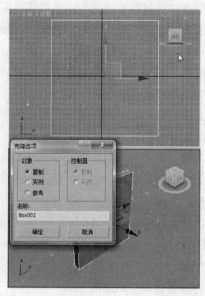

图 5-5

（4）选择复制出的模型，切换到修改 命令面板，修改长方体的参数，设置其为一个长、宽都较小的模型，如图5-6所示。

（5）选择较小的长方体，使用移动工具 在左视图中沿着X轴移动，将其交叉在大长方体上，如图5-7所示。

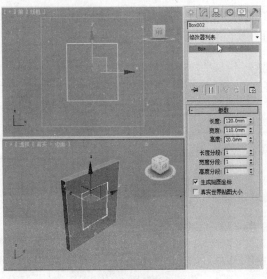

图 5-6

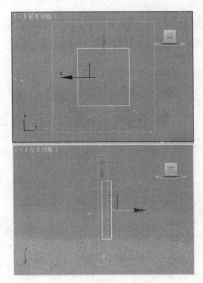

图 5-7

（6）在场景中选择较大的长方体，单击"❋ > ◯ > 复合对象 > 布尔"按钮，在"拾取布尔"卷展栏中单击"拾取操作对象 B"按钮，如图 5-8 所示。

（7）在场景中拾取小长方体作为操作对象 B，布尔后的模型如图 5-9 所示。

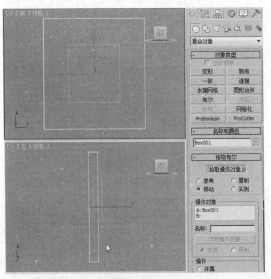

图 5-8

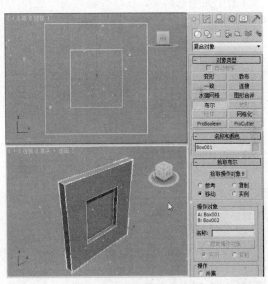

图 5-9

（8）在工具栏中鼠标右击捕捉开关按钮 ³ⁿ，在弹出的"栅格和捕捉设置"对话框中勾选"顶点"选项，如图 5-10 所示，关闭该对话框。

（9）单击"❋ > ⬡ > 矩形"按钮，在前视图中通过顶点捕捉布尔出的长方体洞的位置，捕捉创建合适的矩形，如图 5-11 所示。

（10）切换带修改 ◢ 命令面板，在修改器列表中为矩形施

图 5-10

147

加"编辑样条线"修改器，将选择集定义为"样条线"，在"几何体"卷展栏中单击"轮廓"按钮，在场景中拖动样条线设置样条线的轮廓，如图 5-12 所示。

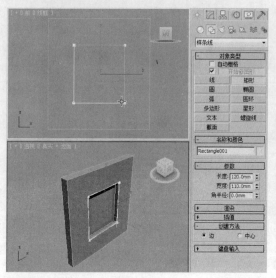
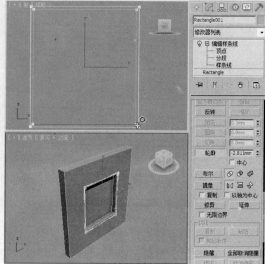

图 5-11　　　　　　　　　　　　　　　　图 5-12

（11）关闭选择集，在修改器列表中选择"挤出"修改器，设置合适的挤出参数即可。在场景中调整模型的位置，如图 5-13 所示。

（12）使用捕捉创建内侧的长方体，如图 5-14 所示。

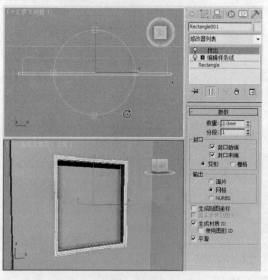
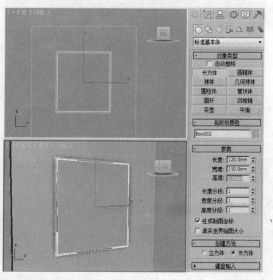

图 5-13　　　　　　　　　　　　　　　　图 5-14

（13）关闭捕捉，在场景中调整模型的位置，如图 5-15 所示。

（14）完成模型的制作，如图 5-16 所示。

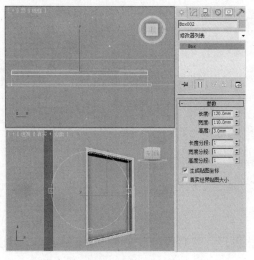

图 5-15

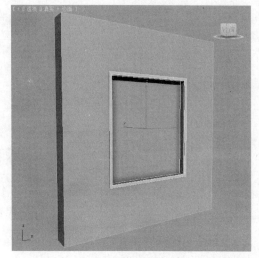

图 5-16

5.2.2　布尔运算的基本用法

系统提供了 3 种布尔运算方式：并集、交集和差集。其中，差集包括 A-B 和 B-A 两种方式。下面举例介绍布尔运算的基本用法，操作步骤如下。

（1）单击"　＞　○　＞　　球体　　"按钮，在透视图中创建一个球体，如图 5-17 所示。单击"　＞　○　＞　　圆环　　"按钮，在透视图中创建一个圆环。使用"移动"工具调整两个物体的位置，如图 5-18 所示。

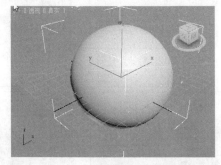

图 5-17

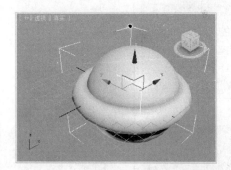

图 5-18

（2）单击创建命令面板中的下拉列表框
标准基本体 ，从中选择"复合对象"选项，如图 5-19 所示。再单击球体将其选中，单击复合对象创建命令面板中的　布尔　按钮，如图 5-20 所示。

（3）进入"布尔"命令的参数面板，如图 5-21 所示，"布尔"命令的参数分为 3 部分。

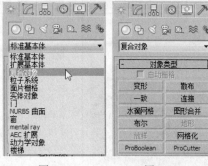

图 5-19　　　图 5-20

149

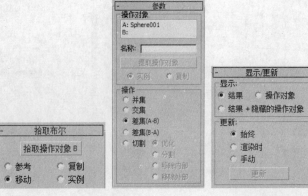

图 5-21

（4）单击 拾取操作对象 B 按钮后，在视图中单击圆环，然后通过改变不同的运算类型，可以生成不同的形体，如表 5-1 所示。

表 5-1

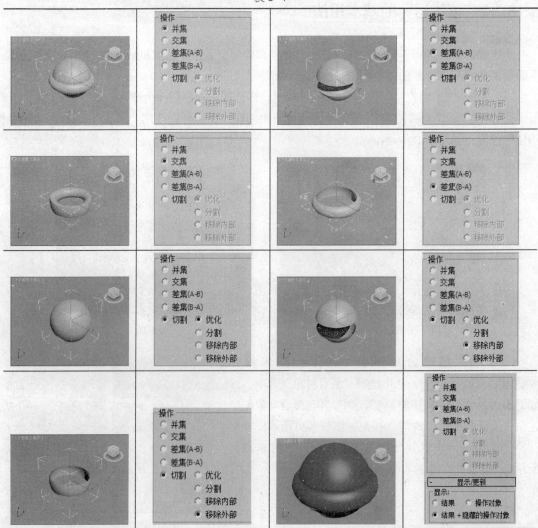

5.3　放样命令建模

对于很多复杂的模型，很难用基本的几何体组合或修改来得到，这时就要使用放样命令来实现。放样建模是指先创建一个二维截面，然后使它沿着一个预先设定好的路径进行变形，从而得到三维物体的过程。放样建模是一种非常重要的建模方式。

命令介绍

放样：是一种传统的三维建模方法，使截面图形沿着路径放样形成三维物体，在路径的不同位置可以有多个截面图形。

5.3.1　课堂案例——窗帘的制作

【案例学习目标】掌握"放样"命令的使用方法。

【案例知识要点】使用放样变形命令完成模型的制作，如图 5-22 所示。

【效果图文件所在位置】光盘/CH05/效果/窗帘.max。

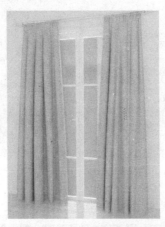

图 5-22

（1）选择"文件>重置"命令进行系统重新设定，并将系统显示单位设置为毫米。

（2）单击"　＊　>　　>　　线　　"按钮，在顶视图中创建线，如图 5-23 所示。

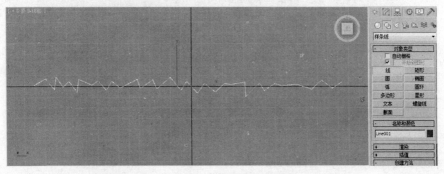

图 5-23

（3）切换到修改 命令面板，在修改器堆栈中将选择集定义为"顶点"，按 Ctrl+A 组合键，在场景中全选顶点，鼠标右击顶点，在弹出的快捷菜单中选择"平滑"，如图 5-24 所示。

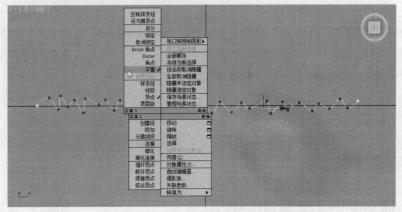

图 5-24

（4）调整顶点，作为放样图形 01，如图 5-25 所示。

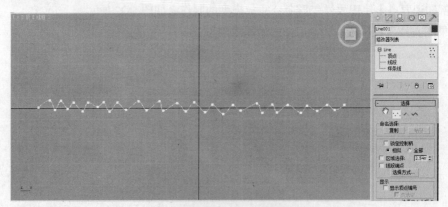

图 5-25

（5）继续创建样条线，并对其进行调整，作为放样图形 02，如图 5-26 所示。

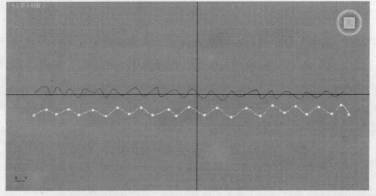

图 5-26

（6）继续创建放样图形 03，如图 5-27 所示。

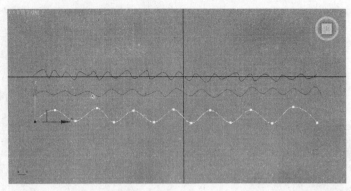

图 5-27

（7）单击"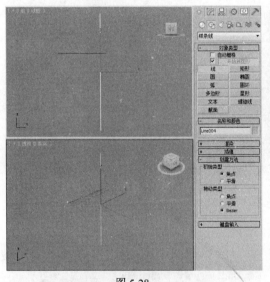 > > 线 "按钮，在前视图中由上至下创建直线，作为放样路径，如图 5-28 所示。

（8）在场景中选择作为放样路径的直线，单击" > > 复合对象 > 放样"按钮，在"创建方法"卷展栏单击"获取图形"按钮，确定"路径参数"卷展栏中的"路径"参数为 0，在场景中拾取作为放样图形 01 的图形，如图 5-29 所示。

图 5-28　　　　　　　　　　　　　　　　图 5-29

（9）设置"路径参数"卷展栏中的"路径"为 20，单击"创建方法"卷展栏中的"获取图形"按钮，在场景中拾取作为放样图形 02 的图形，如图 5-30 所示。

（10）设置"路径参数"卷展栏中的"路径"为 100，单击"创建方法"卷展栏中的"获取图形"按钮，在场景中拾取作为放样图形 03 的图形，如图 5-31 所示。

（11）在透视图中看模型，如图 5-32 所示。

（12）切换到修改 命令面板，在场景中选择模型的路径 100 位置处的图形，这时在"图形命令"卷展栏中，设置"路径级别"为 80，如图 5-33 所示。

（13）在场景中移动调整图形，直到得到满意的效果，如图 5-34 所示。

（14）将选择集定义为"路径"，这时修改器堆栈中出现 Line，将选择集定义为"顶点"，在场景中选择底端的顶点，在透视图中沿着 Y 轴向下移动顶点，如图 5-35 所示。

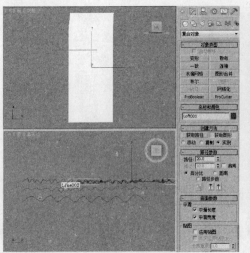

图 5-30

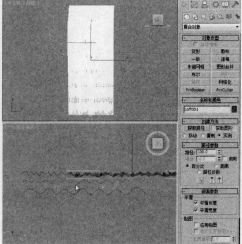

图 5-31

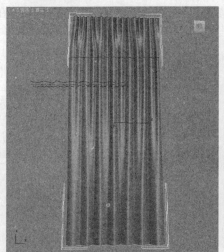

图 5-32

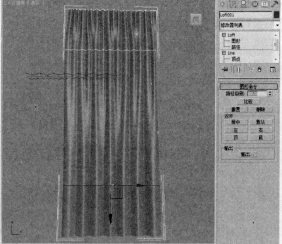

图 5-33

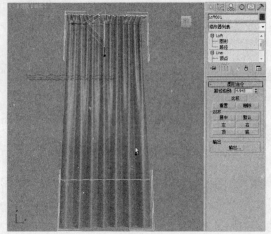

图 5-34

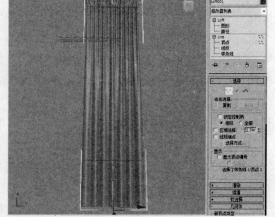

图 5-35

（15）单击"　＊　＞　　＞　　圆　　"按钮，在左视图中创建圆，设置圆参数并设置圆的可渲染，如图 5-36 所示。

（16）在前视图中移动复制可渲染的圆，如图 5-37 所示。

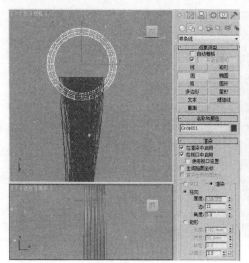

图 5-36

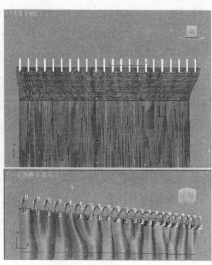

图 5-37

（17）在左视图中创建圆柱体，设置圆柱体的参数，如图 5-38 所示。

（18）在场景中调整模型，并对窗帘模型进行复制，完成窗帘模型的创建，如图 5-39 所示。

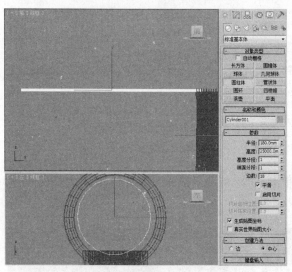

图 5-38

图 5-39

5.3.2　放样命令的基本用法

放样命令的用法分为两种：一种是单截面放样变形，只用一次放样变形即可制作出所需要的形体；另一种是多截面放样变形，用于制作较复杂的几何形体。在制作过程中要进行多个路径的放样变形。

1．单截面放样变形

本节先来介绍单截面放样变形。它是放样命令的基础，也是使用比较普遍的放样方法。

（1）在视图中创建一个星形和一条线，如图 5-40 所示。这两个二维图形可以随意创建。

（2）单击 " > ◯ " 按钮，再单击下拉列表框 标准基本体 ▼ ，从中选择 "复合对象" 选项，如图 5-41 所示。

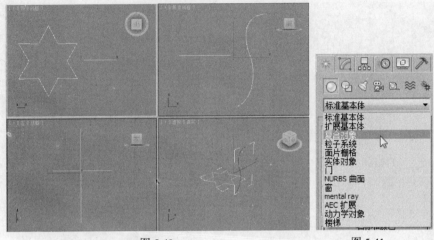

图 5-40   图 5-41

（3）在视图中单击线将其选中，在命令面板中单击 放样 按钮，如图 5-42 所示，命令面板中会显示放样的修改参数，如图 5-43 所示。

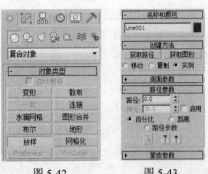

图 5-42   图 5-43

（4）单击 获取图形 按钮，在视图中单击星形，线会以星形为截面生成三维形体，如图 5-44 所示。

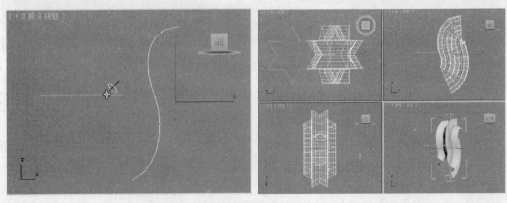

图 5-44

2. 多截面放样变形

在实际制作过程中，有一部分模型只用单截面放样是不能完成的，复杂的造型由不同的截面结合而成，所以就要用到多截面放样。

（1）在顶视图中分别创建圆、多边形和星形，如图 5-45 所示。单击"⊹ > ⊡ > 　　线　　"按钮，按住 Shift 键，在前视图中创建一条直线，如图 5-46 所示，这几个二维图形可以随意创建。

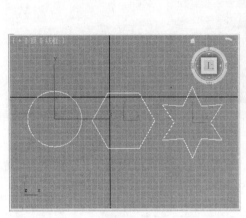

图 5-45

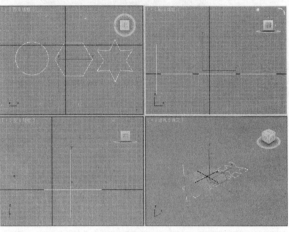

图 5-46

（2）单击线将其选中，单击"⊹ > ○"按钮，单击下拉列表框 标准基本体 ▼ ，从中选择"复合对象"选项，在命令面板中单击 　放样　 按钮，然后在参数面板中单击 获取图形 按钮，在视图中单击圆，这时直线变为圆柱体，如图 5-47 所示。

（3）在放样命令面板中将"路径"的数值设置为"45.0"，单击 获取图形 按钮，在视图中单击多边形，如图 5-48 所示。

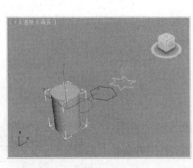

图 5-47

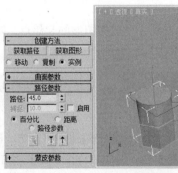

图 5-48

（4）将"路径"的数值设置为"80.0"，单击 获取图形 按钮，在视图中单击星形，如图 5-49 所示。

（5）单击"修改"按钮⚙，在修改命令堆栈中单击"⊞ > 图形"选项，这时命令面板中会出现新的命令参数，如图 5-50 所示。单击 　比较　 按钮，弹出"比较"窗口，如图 5-51 所示。

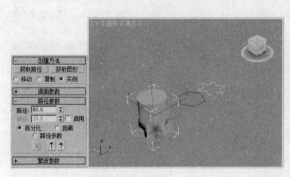

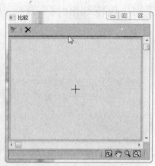

图 5-49　　　　　　　　　　　图 5-50　　　　　　　　图 5-51

（6）在"比较"窗口中单击"拾取图形"按钮，在视图中分别在放样物体 3 个截面的位置上单击，将 3 个截面拾取到"比较"窗口中，如图 5-52 所示。

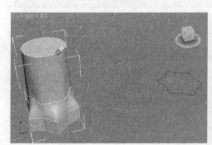

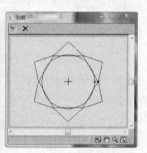

图 5-52

从"比较"窗口中可以看到 3 个截面图形的起始点，如果起始点没有对齐，可以使用"旋转"工具手动调整，使之对齐。

5.3.3　放样物体的参数修改

放样命令的参数由 5 部分组成，其中包括创建方法、曲面参数、路径参数、蒙皮参数和变形，如图 5-53 所示。放样变形工具将在下一节中介绍，本节主要介绍放样命令的参数。

图 5-53

1. 创建方法卷展栏

创建方法卷展栏用于决定在放样过程中使用哪一种方式来进行放样，如图 5-54 所示。

图 5-54

获取路径：如果已经选择了路径，则单击该按钮，到视图中拾取将要作为截面图形的图形。

获取图形：如果已经选择了截面图形，则单击该按钮，到视图中拾取将要作为路径的图形。

移动：直接用原始二维图形进入放样系统。

复制：复制一个二维图形进入放样系统，而其本身并不发生任何改变，此时原始二维图形和复制图形之间是完全独立的。

实例：原来的二维图形将继续保留，进入放样系统的只是它们各自的关联物体。可以将它们隐藏，以后需要对放样造型进行修改时，直接去修改它们的关联物体即可。

技巧　对于是先指定路径，再拾取截面图形，还是先指定截面图形，再拾取路径，本质上对造型的形态没有影响，只是因为位置放置的需要而选择不同的方式。

2．路径参数卷展栏

路径参数卷展栏用于设置沿放样物体路径上各个截面图形的间隔位置，如图 5-55 所示。

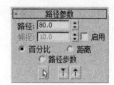

图 5-55

路径：通过调整微调器或输入一数值设置插入点在路径上的位置。其路径的值取决于所选定的测量方式，并随着测量方式的改变而产生变化。

捕捉：设置放样路径上截面图形固定的间隔距离。捕捉的数值也取决于所选定的测量方式，并随着测量方式的改变而产生变化。

启用：单击该复选框，则激活 Snap（捕捉）参数栏。系统提供了下面 3 种测量方式。百分比：将全部放样路径设为 100%，以百分比形式确定插入点的位置。距离：以全部放样路径的实际长度为总数，以绝对距离长度形式来确定插入点的位置。路径步数：以路径的分段形式来确定插入点的位置。

拾取图形：单击该按钮，在放样物体中手动拾取放样截面，此时"捕捉"关闭，并把所拾取到的放样截面的位置作为当前"路径"栏中的值。

上一个图形：选择当前截面的前一截面。

下一个图形：选择当前截面的后一截面。

5.4　课堂练习——桌布的制作

【练习知识要点】使用"放样"完成模型的创建，如图 5-56 所示。

【效果图文件所在位置】光盘/CH05/效果/桌布.max。

图 5-56

5.5　课堂练习——电视的制作

【练习知识要点】使用"挤出"命令和"布尔运算"完成模型的制作，如图 5-57 所示。

【效果图文件所在位置】光盘/CH05/效果/电视.max。

图 5-57

5.6　课后习题——南瓜蜡烛的制作

【习题知识要点】使用"编辑样条线"命令、"放羊"命令和"布尔运算"完成模型的制作，如图 5-58 所示。

【效果图文件所在位置】光盘/CH05/效果/南瓜蜡烛.max。

图 5-58

第6章

几何体的形体变化

本章将主要讲解几何体的形体变化，包括 FFD 自由形式变形和 NURBS 高级建模。通过本章的学习，读者可以融会贯通，掌握几何体形体变化的应用技巧，制作出具有想象力的图像效果。

课堂学习目标

- FFD 4×4×4 建模
- NURBS 曲线和 NURBS 曲面
- NURBS 工具面板

6.1 FFD 自由形式变形

FFD 代表"自由形式变形"。它的效果可用于类似舞蹈汽车或坦克的计算机动画中，也可用于构建类似椅子和雕塑的图形。

命令介绍

FFD 自由形式变形：修改器使用晶格框包围选中的几何体。通过调整晶格的控制点，可以改变封闭几何体的形状。

6.1.1 课堂案例——双人沙发的制作

【案例学习目标】掌握 FFD 4×4×4 的使用方法。

【案例知识要点】使用"切角长方体"命令、"噪波"命令和"FFD 4×4×4"命令完成模型的制作，如图 6-1 所示。

【效果图文件所在位置】光盘/ CH06/效果/双人沙发.max。

（1）单击"[图标] > [图标] > 扩展基本体 > 切角长方体"按钮，在顶视图中创建切角长方体，并在"参数"卷展栏中设置合适的参数，如图 6-2 所示。

图 6-1

（2）切换到修改 [图标] 命令面板，在修改器列表中选择"噪波"修改器，并设置噪波的参数，如图 6-3 所示。

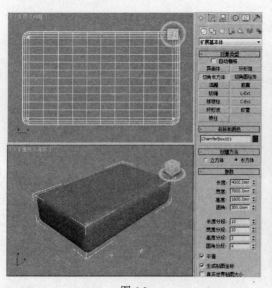

图 6-2

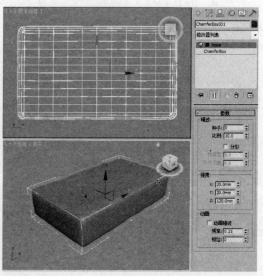

图 6-3

（3）在修改器列表中为模型施加"FFD 4×4×4"修改器，并将选择集定义为"控制点"，在顶视图中选择中间的两列控制点和底部中间的两组控制点，使用移动工具⊕在左视图中沿着 Y 轴向上移动控制点，如图 6-4 所示。

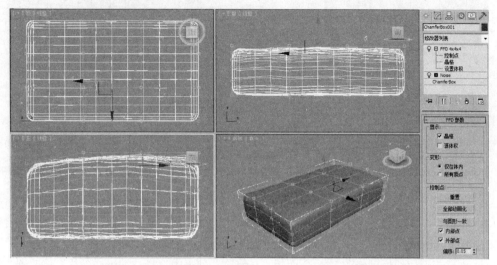

图 6-4

（4）在场景中选择该切角长方体，按 Ctrl+V 组合键，在弹出的对话框中选择"复制"选项，单击　确定　按钮，如图 6-5 所示。

（5）选择复制出的切角长方体，在修改器堆栈中选择 FFD 和噪波修改器，并分别单击"从堆栈中移除修改器"按钮，将修改器移除，并重新修改模型的参数，如图 6-6 所示。

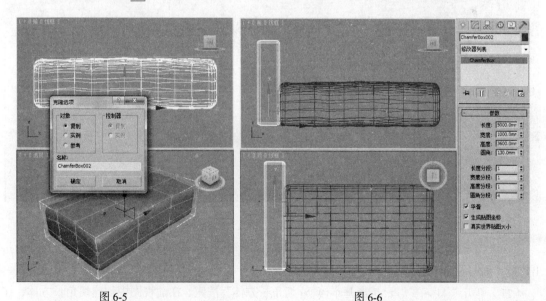

图 6-5　　　　　　　　　　　　　　　　　　图 6-6

（6）在前视图中使用移动工具⊕，沿着 X 轴按住 Shift 键移动复制模型，松开鼠标，在弹出的对话框中选择"复制"选项，单击　确定　按钮，如图 6-7 所示。

（7）继续复制并调整模型的参数，如图 6-8 所示。

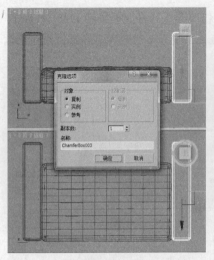
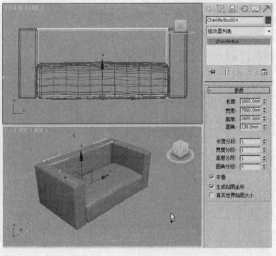

图 6-7   图 6-8

（8）单击"※ > 🔲 > 矩形"按钮，在顶视图中创建矩形，在"参数"卷展栏中设置合适的参数，如图 6-9 所示。

（9）创建矩形后切换到修改 💋 命令面板，在修改器列表中选择"编辑样条线"修改器，将选择集定义为"样条线"，在场景中选择样条线，在"几何体"卷展栏中单击"轮廓"按钮，在场景中拖动鼠标设置样条线的轮廓，如图 6-10 所示。

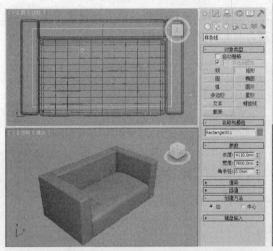
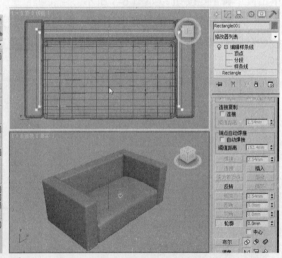

图 6-9   图 6-10

（10）关闭选择集，在修改器列表中选择"挤出"修改器，在"参数"卷展栏中设置合适的挤出数量，如图 6-11 所示。

（11）单击"※ > 🔘 > 扩展基本体 > 切角长方体"按钮，在前视图中创建切角长方体，在"参数"卷展栏中设置合适的参数，如图 6-12 所示。

（12）切换到修改 💋 命令面板，在修改器列表中选择 FFD 4×4×4 修改器，将选择集定义为"控制点"，在前视图中选择中间的 4 组控制点，在前视图中对 X、Y 轴进行缩放，效果如图 6-13 所示。

（13）选择周围的几组控制点，在左视图中缩放控制点，如图 6-14 所示。

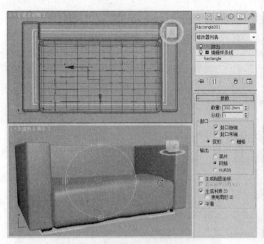

图 6-11

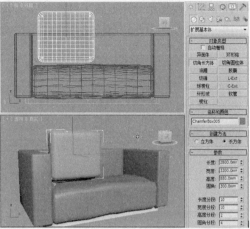

图 6-12

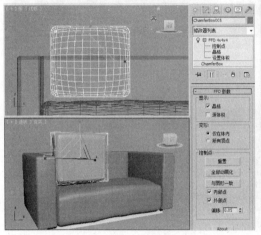

图 6-13

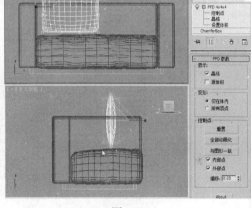

图 6-14

（14）再次选择中间的 4 组控制点，对其进行缩放，如图 6-15 所示。

（15）关闭选择集，在修改器列表中选择"噪波"修改器，并设置噪波的参数，如图 6-16 所示。

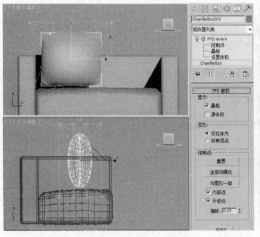

图 6-15

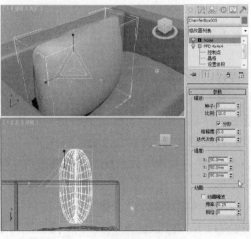

图 6-16

（16）在左视图中使用旋转工具 ◎，旋转模型的角度，如图 6-17 所示。

（17）在前视图中使用移动工具 ✛，按住 Shift 键移动复制模型，如图 6-18 所示。

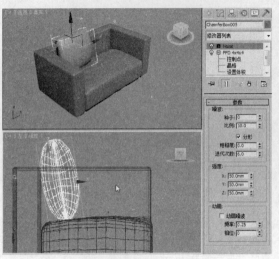

图 6-17

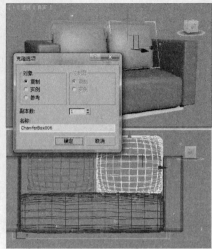

图 6-18

（18）完成的双人沙发模型如图 6-19 所示。

图 6-19

6.1.2　FFD 自由形状变形命令介绍

FFD 自由变形提供了 3 种晶格解决方案和两种形体解决方案。控制点相对原始晶格源体积的偏移位置会引起受影响对象的扭曲，如图 6-20 所示。

3 种晶格包括 FFD 2×2×2、FFD 3×3×3 与 FFD 4×4×4。提供具有相应数量控制点的晶格对几何体进行形状变形。

两种形体包括 FFD（长方体）和 FFD（圆柱体）。使用 FFD（长方体/圆柱体）修改器，可在晶格上设置任意数目的点，使它们比基本修改器的功能更强大。

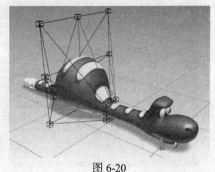

图 6-20

6.1.3 FFD 4×4×4 的控制

FFD 4×4×4 是自由变形命令中比较常用的修改器,可以通过 4×4×4 控制点对几何体进行变形。

在视图中创建一个几何体,单击"修改"按钮 。在修改器列表 修改器列表 ▼ 中选择"FFD 4×4×4"命令,可看到几何体上出现了"FFD 4×4×4"控制点,如图 6-21 所示。在修改命令堆栈中选择 选项,显示出子层级选项,如图 6-22 所示。

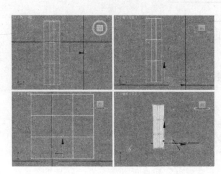

图 6-21   图 6-22

控制点:可以选择并操纵晶格的控制点,也可以一次处理一个或以组为单位处理多个几何体。操纵控制点将影响基本对象的形状。

晶格:可从几何体中单独摆放、旋转或缩放晶格框。当首次应用 FFD 时,默认晶格是一个包围几何体的边界框。移动或缩放晶格时,仅位于体积内的顶点子集合可应用局部变形。

设置体积:此时晶格控制点变为绿色,可以选择并操作控制点而不影响修改对象。这使晶格更精确地符合不规则形状对象。当变形时,这将提供更好的控制。

在对几何体进行 FFD 自由变形命令编辑时,必须考虑到几何体的分段数,如果几何体的分段数很低,自由变形命令的效果也不会明显,如图 6-23 所示。当增加几何体的分段数后,形体变化的几何体变得更圆滑,如图 6-24 所示。

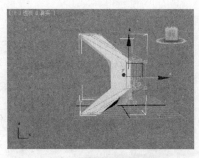
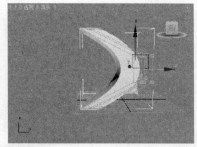

图 6-23   图 6-24

6.2 NURBS 元素的创建方式

NURBS 是一种先进的建模方式。通过 NURBS 工具制作的物体模型具有光滑的表面,常用来制作非常圆滑而且具有复杂表面的物体,如汽车、动物、人物以及其他流线型的物体。在 MAYA

和 Rhino 等各种三维软件中，都使用了 NURBS 建模技术，基本原理非常相似。

命令介绍

NURBS：英文全称为 "Non-Uniform Rational B-Splines"（非均匀有理 B 样条曲线），是一种高级建模方式，最适合创建凹凸不平的表面，能在表面之间形成光滑的过渡。

6.2.1　课堂案例——百合花的制作

【案例学习目标】掌握 NURBS 物体的修改方法。

【案例知识要点】使用球体、圆柱体、线和 NURBS 建模完成模型的制作，如图 6-25 所示。

【效果图文件所在位置】光盘/CH06/效果/百合花.max。

图 6-25

（1）选择"文件 > 重置"命令进行系统重新设定，并将系统显示单位设置为毫米。

（2）单击" ✱ > ◎ > ▂▂ 线 ▂▂ "按钮，在顶视图中创建样条线，并调整样条线的形状，如图 6-26 所示。

（3）复制并修改样条线，如图 6-27 所示。

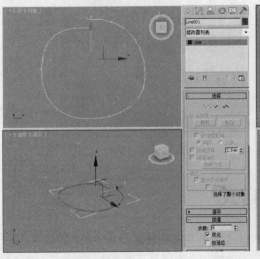

图 6-26

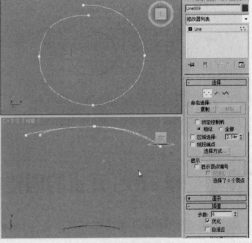

图 6-27

（4）在场景中复制样条线，并调整样条线的形状，如图 6-28 所示。

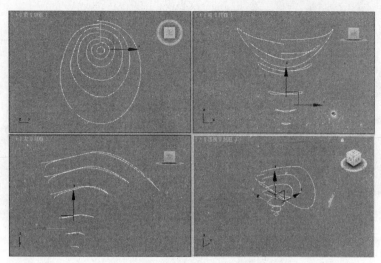

图 6-28

（5）选择其中一个样条线，鼠标右击，在弹出的快捷菜单中选择"转换为 > 转换为 NURBS"命令，如图 6-29 所示。

（6）在修改命令面板中的"常规"卷展栏中单击"附加"按钮，在场景中附加样条线，如图 6-30 所示。

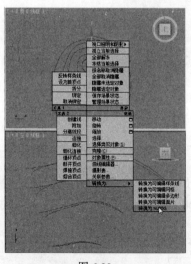

图 6-29

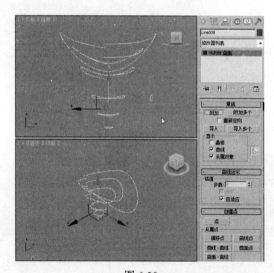

图 6-30

（7）在出现的 NURBS 工具箱中选择创建 U 向放样曲面按钮 ，在场景中由下向上创建曲面，如图 6-31 所示。创建的曲面如图 6-32 所示。

（8）在修改器堆栈中将选择集定义为"曲线 CV"，在场景中调整 CV 控制点，如图 6-33 所示。

（9）在场景中创建可渲染的样条线，并设置合适的渲染厚度，如图 6-34 所示。

（10）单击" > > 扩展基本体 > 切角圆柱体"按钮，在顶视图中创建切角圆柱体，并设置合适的参数，如图 6-35 所示。

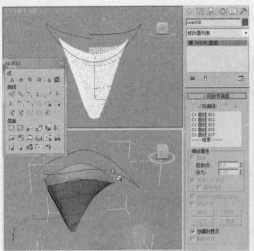

图 6-31

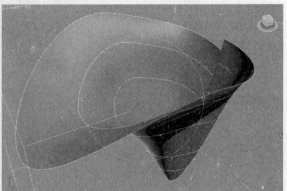

图 6-32

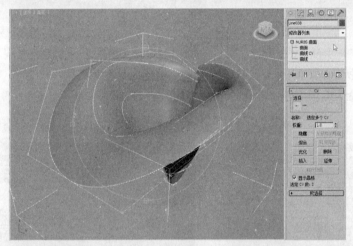

图 6-33

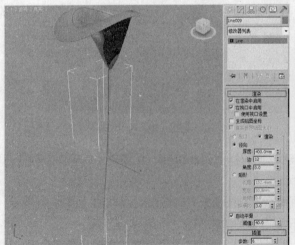

图 6-34

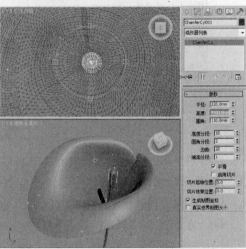

图 6-35

（11）为切角圆柱体施加"弯曲"修改器，设置合适的弯曲参数，并在场景中旋转模型的角度，如图 6-36 所示。调整模型的位置，如图 6-37 所示。

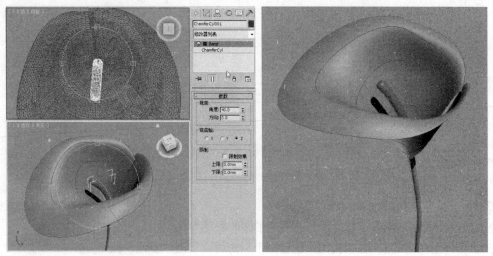

图 6-36   图 6-37

6.2.2 NURBS 曲面

NURBS 的造型系统也包括点、曲线和曲面 3 种元素，其中曲线和曲面又分为标准型和 CV（可控）型两种。

NURBS 曲面包括点曲面和 CV 曲面两种，如图 6-38 所示。

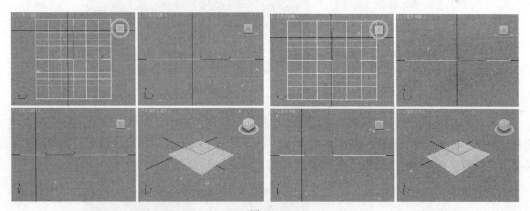

图 6-38

点曲面：显示为绿色的点阵列组成的曲面，这些点都依附在曲面上，对控制点进行移动，曲面会随之改变形态。

CV 曲面：具有控制能力的点组成的曲面，这些点不依附在曲面上，对控制点进行移动，控制点会离开曲面，同时影响曲面的形态。

1．NURBS 曲面的选择

单击" ⊕ > ○ "按钮，单击下拉列表框 标准基本体 ▼ ，从中选择 NURBS 曲面 ▼。

选项，如图 6-39 所示，即可进入 NURBS 曲面的创建命令面板，如图 6-40 所示。NURBS 曲面有两种创建方式。

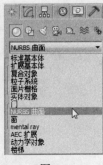 

图 6-39　　　　　　　　　　图 6-40

2．NURBS 曲面的创建和修改

NURBS 曲面的创建方法与标准几何体中平面的创建方法相同。

单击 点曲面 按钮，在顶视图中创建一个点曲面，单击"修改"按钮，在修改命令堆栈中单击"点"选项，如图 6-41 所示，选择曲面上的一个控制点，使用"移动"工具移动节点位置，曲面会改变形态，但这个节点始终依附在曲面上，如图 6-42 所示。

 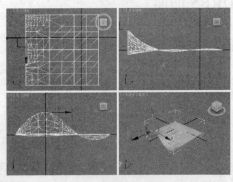

图 6-41　　　　　　　　　　　　图 6-42

单击 CV曲面 按钮，在顶视图中创建一个可控点曲面，单击"修改"按钮，在修改命令堆栈中单击"曲面 CV"选项，如图 6-43 所示，选择曲面上的一个控制点，使用"移动"工具移动节点位置，曲面会改变形态，但节点不依附在曲面上，如图 6-44 所示。

 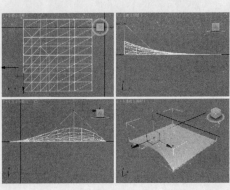

图 6-43　　　　　　　　　　　　图 6-44

6.2.3 NURBS 曲线

NURBS 曲线包括点曲线和 CV 曲线两种，如图 6-45 所示。

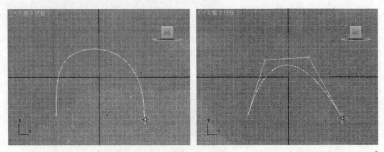

图 6-45

点曲线：显示为绿色的点弯曲构成的曲线。

CV 曲线：由可控制点弯曲构成的曲线。

这两种类型的曲线上控制点的性质与前面介绍的 NURBS 曲面上控制点的性质相同。点曲线的控制点都依附在曲线上，CV 曲线的控制点不依附在曲线上，但控制着曲线的形状。

1. NURBS 曲线的选择

首先单击 " ⚹ > ⬡ " 按钮，然后单击下拉列表框 `样条线           ▼` ，从中选择 `NURBS 曲线           ▼` 选项，如图 6-46 所示，即可进入 NURBS 曲线的创建命令面板，如图 6-47 所示。

图 6-46   图 6-47

2. NURBS 曲线的创建和修改

NURBS 曲线的创建方法与二维线型的创建方法相同，但 NURBS 曲线可以直接生成圆滑的曲线。两种类型的 NURBS 曲线上的点对曲线形状的影响方式也是不同的。

首先单击 `点曲线` 按钮，在顶视图中创建一条点曲线，然后单击"修改"按钮 ⬚ ，在修改命令堆栈中单击"点"选项，如图 6-48 所示，选择曲线上的一个控制点，使用"移动"工具 ✥ 移动控制点位置，曲线会改变形态，被选择的控制点始终依附在曲线上，如图 6-49 所示。

首先单击 `CV 曲线` 按钮，在顶视图创建一条控制点曲线，然后单击 ⬚ 按钮，在修改命令堆栈中单击"曲面 CV"选项，如图 6-50 所示，选择曲线上的一个控制点，使用"移动"工具 ✥ 移动控制点位置，曲线会改变形态，选择的控制点不会依附在曲线上，如图 6-51 所示。

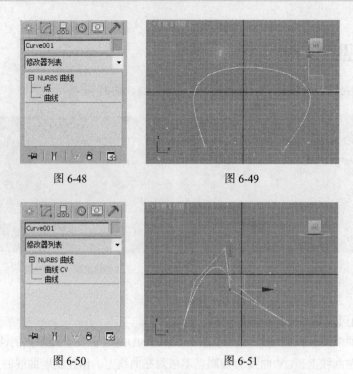

图 6-48　　　　　　　　　　　　　　图 6-49

图 6-50　　　　　　　　　　　　　　图 6-51

6.2.4　基本几何体转化 NURBS 物体

在 3ds Max 2012 中，所有的标准几何体都可以转化成 NURBS 曲面物体，操作步骤如下：

（1）单击"　　＞　　＞　　长方体　　"按钮，在透视图中创建一个长方体。

（2）将长方体选中，单击鼠标右键，在弹出的菜单中选择"转换为 ＞ 转换为 NURBS"命令，长方体转化为 NURBS 曲面物体，如图 6-52 所示。

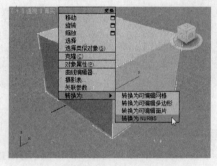

图 6-52

标准几何体被转化为 NURBS 曲面物体后，自身的参数会被去除，变为 NURBS 曲面物体的参数。

6.2.5　挤出、车削、放样物体转化 NURBS 物体

在前面的章节中介绍过将二维图形通过"挤出"、"车削"、"放样"命令转化为三维物体的方

法，这些通过转化的物体同样可以转化为 NURBS 曲面物体。下面以"挤出"命令为例，介绍转化为 NURBS 物体的方法，操作步骤如下。

（1）单击" 　 > 　 > 　矩形　 "按钮，在视图中创建一个矩形，单击"修改"按钮 ，单击修改器列表 修改器列表 　 ▼ ，从中选择"挤出"命令，效果如图 6-53 所示。

（2）在"参数"卷展栏中将"输出 > 网格"单选项改为"NURBS"单选项，如图 6-54 所示。

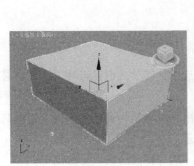

图 6-53

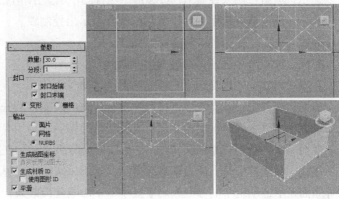

图 6-54

（3）在物体上单击鼠标右键，在弹出的菜单中选择"转换为 > 转换为 NURBS"命令，完成最终的转化，如图 6-55 所示。

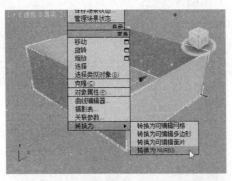

图 6-55

挤压和放样物体用相同的方法也可以转化为 NURBS 曲面物体。

6.3　NURBS 工具面板

NURBS 系统具有自己独立的参数命令。在视图中创建 NURBS 曲线物体和曲面物体，参数面板中会显示 NURBS 物体的创建参数，用来设置创建的 NURBS 物体的基本参数。创建完成后单击 按钮，在修改命令面板中会显示 NURBS 物体的修改参数，如图 6-56 所示。

常规卷展栏用来控制曲面在场景中的整体性，下面对该卷展栏的参数进行介绍。

　附加　：单击该按钮，在视图中单击 NURBS 允许接纳的物体，可以将它结合到当前的 NURBS 造型中，使之成为当前造型的一个次级物体。

　附加多个　：单击该按钮，将弹出一个名称选择对话框，可以通过名称一次选择多个物体，

单击 附加 按钮将所选择的物体合并到 NURBS 造型中。

导入：单击该按钮，在视图中单击 NURBS 允许接纳的物体，可以将它转化为 NURBS 造型，并且作为一个导入造型合并到当前 NURBS 造型中。

导入多个：单击该按钮，会弹出一个名称选择对话框，其工作方式与 附加多个 相似。

重新定向：选中该复选框，合并或导入的物体的中心将会重新定位到 NURBS 造型的中心。

显示选项组：用来控制 NURBS 造型在视图中的显示情况。

晶格：选中该复选框，将以黄色的线条显示出控制线。

曲线：选中该复选框，将显示出曲线。

曲面：选中该复选框，将显示出曲面。

从属对象：选中该复选框，将显示出从属的子物体。

曲面修剪：选中该复选框，将显示出被修剪的表面，若未选中，即使表面已被修剪，仍将在视图中显示出整个表面，而不会显示出剪切的结果。

变换降级：选中该复选框，NURBS 曲面会降级显示，在视图里显示为黄色的虚线，以提高显示速度。当未选中时，曲面不降级显示，始终以实体方式显示。

曲面显示选项组中的参数只用于显示，不影响建模效果，一般保持系统默认设置即可。

常规卷展栏中还包括一个 NURBS 工具面板，工具面板中包含所有 NURBS 操作命令，NURBS 参数中其他卷展栏的命令在工具面板中都可以找到。单击常规卷展栏右侧的按钮 ，弹出工具面板，如图 6-57 所示。

NURBS 工具面板包括 3 组命令参数：点工具命令、曲线工具命令和曲面工具命令。进行 NURBS 建模主要使用工具面板中的命令完成。后面的章节将对工具面板中常用的命令进行介绍。

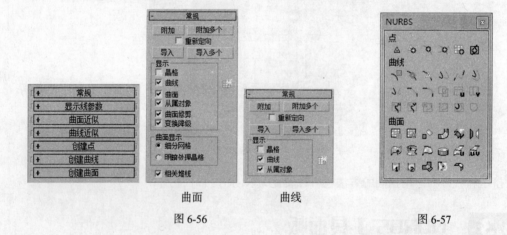

曲面　　　　　　　曲线

图 6-56　　　　　　　　　　　　　　　图 6-57

6.3.1　NURBS 点工具

"点"工具中包括 6 种点命令，用于创建各种不同性质的点，如图 6-58 所示。

点

图 6-58

△ 创建点：单击该按钮，可以在视图中创建一个独立的曲线点。

⊙ 创建偏移点：单击该按钮，可以在视图中的任意位置创建点物体的一个偏移点。

创建曲线点：单击该按钮，可以在视图中的任意位置创建曲线物体的一个附属点。

创建曲线—曲线点：单击该按钮，可以在两条相交曲线的交点处创建一个点。

创建曲面点：单击该按钮，可以在曲面上创建一个点。

创建曲面—曲线点：单击该按钮，可以在曲线平面和曲线的交点位置创建一个点。

6.3.2　NURBS 曲线工具

"曲线"工具中共有 18 种曲线命令，用来对 NURBS 曲线进行修改编辑，如图 6-59 所示。

图 6-59

创建 CV 曲线：单击该按钮后，鼠标光标变为┼形状，可以在视图中创建可控制点曲线。

创建点曲线：单击该按钮后，鼠标光标变为┼形状，可以在视图中创建点曲线。

创建拟合曲线：单击该按钮后，鼠标光标变为⊕形状，可以在视图中选择已有的节点来创建一条曲线，如图 6-60 所示。

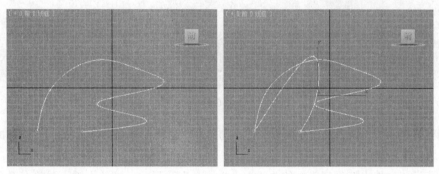

图 6-60

创建变换曲线：单击该按钮后，将鼠标光标移动到已有的曲线上，光标变为⊕形状，此时按住鼠标左键不放并拖曳，会生成一条相同的曲线，如图 6-61 所示。可以创建多条曲线，单击右键后结束创建，生成的曲线和已有的曲线是一个整体。

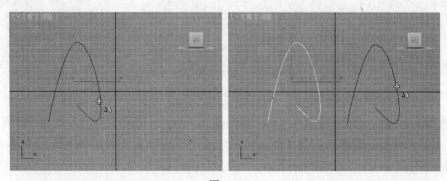

图 6-61

创建混合曲线：该工具命令可以将两条曲线首尾相连，连接的部分会延伸原来曲线的曲率。

操作时应先利用 ⌐ 或 ↘ 在视图中创建曲线，单击 ⌐ 按钮，在视图中依次单击创建的曲线即可完成连接，如图 6-62 所示。

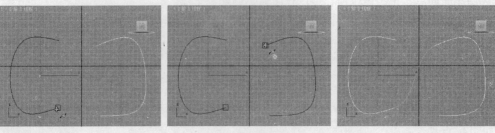

图 6-62

⌐ 创建偏离曲线：该工具命令可以在原来曲线的基础上创建出曲率不同的新曲线。

单击 ⌐ 按钮，将光标移到已有的曲线上，光标变为 ⊕ 形状，按住鼠标左键不放并拖曳，即可生成另一条放大或缩小的新曲线，但曲率会有所变化，如图 6-63 所示。

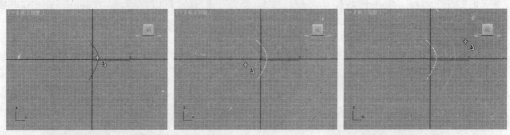

图 6-63

⌐ 创建镜像曲线：该工具命令可以创建出与原曲线呈镜像关系的新曲线。该工具命令类似于工具栏中的镜像复制命令。

单击 ⌐ 按钮，将光标移到已有的曲线上，光标变为 ⊕ 形状，按住左键不放并上下拖曳光标，即会产生镜像曲线，可以选择镜像的方向，松开鼠标左键后创建结束，如图 6-64 所示。

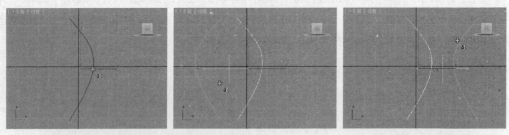

图 6-64

⌐ 创建切角曲线：该工具命令可以在两条曲线之间连接一条带直角角度的曲线线段。

操作时应先利用 ⌐ 或 ↘ 在视图中创建曲线，单击 ⌐ 按钮，将光标移到曲线上，光标变为 ⊕ 形状，依次单击这两条曲线，会生成一条带直角角度的曲线线段，如图 6-65 所示。

⌐ 创建圆角曲线：该工具命令可以在两条曲线之间连接一条带圆角的曲线线段。

该工具命令的使用方法与 ⌐ （创建切角曲线）相同，如图 6-66 所示。

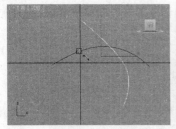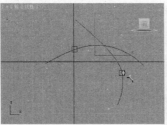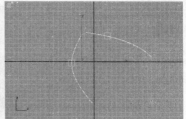

图 6-65

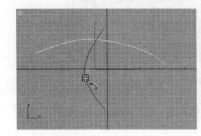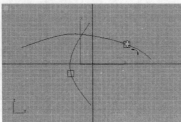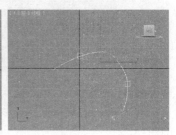

图 6-66

　　 创建曲面—曲面相交曲线：该工具命令可以在两个曲面相交的部分创建出一条曲线。

　　在视图中创建两个相交的曲面，利用 附加 工具将两个曲面结合为一个整体，单击 按钮，在视图中依次单击两个曲面，曲面相交的部分会生成一条曲线，如图 6-67 所示。

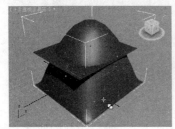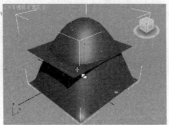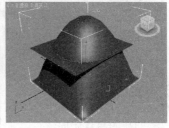

图 6-67

　　 创建 U 向等参曲线：该工具命令可以在曲面的 U 轴向上创建等参数的曲线线段。

　　单击 按钮，在视图中的曲面上单击鼠标左键，即可创建出一条 U 轴向的曲线线段，如图 6-68 所示。

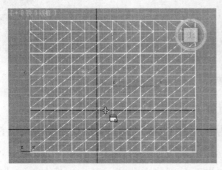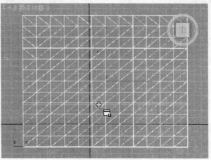

图 6-68

179

创建 V 向等参曲线：该工具命令可以在曲面的 V 轴向上创建等参数的曲线线段。操作方法与 （创建 U 向等参曲线）相同，如图 6-69 所示。

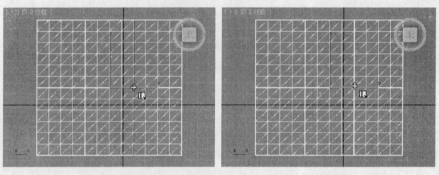

图 6-69

创建法向投影曲面：该工具命令可以将一条曲线垂直映射到一个曲面上，生成一条新的曲线。

分别创建一条曲线和一个曲面，利用 附加 工具将它们结合为一个整体，单击 按钮，依次单击曲线和曲面，在曲面上会生成一条新的曲线，如图 6-70 所示。

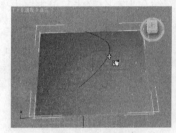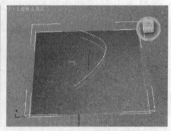

图 6-70

创建向量投影曲线：该命令可以将一条曲线投影到一个曲面上，生成一条新的曲线，投影的方向随视角的变化而改变。操作方法与 （创建法向投影曲面）相同，如图 6-71 所示。

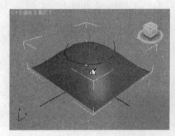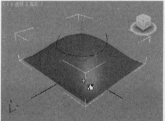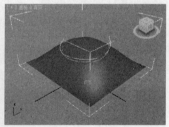

图 6-71

创建曲面上的 CV 曲线：该工具命令可以在曲面上创建可控点曲线。

单击 按钮，将光标移到曲面上，光标变为 形状，则可以在曲面上创建一条可控点曲线，如图 6-72 所示。

创建曲面上的点曲线：该工具命令可以在曲面上创建点曲线。操作方法与 （创建曲面上的 CV 曲线）相同，如图 6-73 所示。

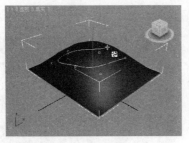　　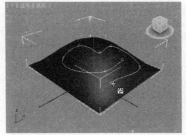

图 6-72　　　　　　　　　图 6-73

创建曲面偏移曲线：该工具命令可以将曲面上的一条曲线偏移复制，复制出一条参数相同的新曲线。

单击 按钮，将光标移动到曲线上，光标变为 形状，按住鼠标左键不放并拖曳光标，会偏移复制出一条新的曲线，如图 6-74 所示。

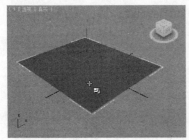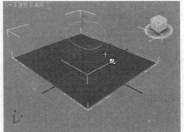

图 6-74

创建曲面边曲线：该工具命令能以 NURBS 物体的边缘创建出一条曲线。

单击 按钮，将光标移动到 NURBS 物体上，光标变为 形状，单击鼠标左键，NURBS 物体边缘即会生成一条新的曲线，如图 6-75 所示。

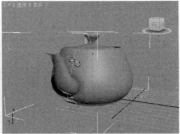

图 6-75

6.3.3　NURBS 曲面工具

NURBS 曲面工具是 NURBS 建模中经常用到的工具命令，对曲线、曲面的编辑能力非常强大，共有 17 种工具命令，如图 6-76 所示。

创建 CV 曲面：单击该按钮，鼠标光标变为 形状，可在视图中创建可控点曲面，如图 6-77 所示。

图 6-76

创建点曲面：单击该按钮，鼠标光标变为形状，可在视图中创建点曲面，如图6-78所示。

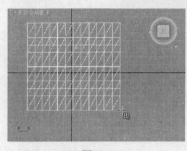
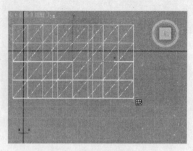

图6-77　　　　　　　　　　　　　　　　　图6-78

创建变换曲面：该工具命令可以将指定的曲面在同一水平面上复制出一个新的曲面，得到的曲面与原曲面的参数相同。

单击按钮，将鼠标光标移到已有的曲面上，光标变为形状，按住鼠标左键不放并拖曳光标，在合适的位置松开鼠标左键，即可创建出一个新的曲面，如图6-79所示。

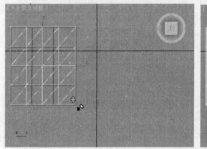
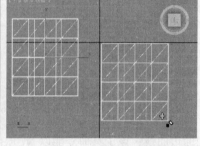

图6-79

创建混合曲面：该工具命令可以使两个曲面混合为一个曲面，连接部分延续原来曲面的曲率。

创建两个曲面，单击按钮，鼠标光标变为形状，依次单击曲面，即可混合为一个曲面，如图6-80所示。操作时，光标应该靠近要连接的边，边会变成蓝色。

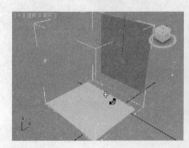
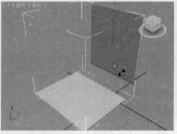

图6-80

创建偏移曲面：该工具命令可以在原来曲面的基础上创建出曲率不同的新曲面。

单击按钮，将鼠标光标移到曲面上，光标变为形状，按住鼠标左键不放并拖曳光标即会生成新的曲面，松开鼠标左键完成操作，如图6-81所示。

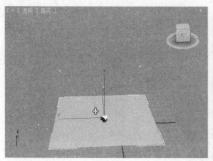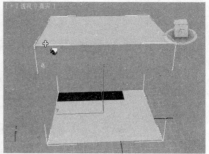

图 6-81

创建镜像曲面：该工具命令可以创建出与原曲面呈镜像关系的新曲面，与前面介绍的（创建镜像曲线）相似。

单击按钮，将光标移到已有的曲面上，光标变为形状，按住鼠标左键不放并上下拖曳光标，可以选择镜像的方向，松开鼠标左键结束创建，如图 6-82 所示。

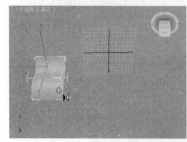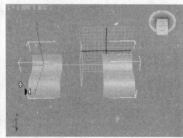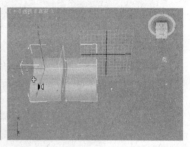

图 6-82

创建挤出曲面：该工具命令可以将曲线挤压成曲面。

单击按钮，将鼠标光标移到曲线上，光标变为形状，按住鼠标左键不放并上下拖曳光标，曲线被挤压出高度，松开鼠标左键完成操作，如图 6-83 所示。

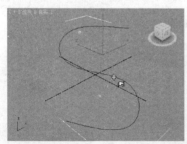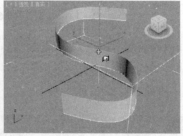

图 6-83

创建车削曲面：该工具命令可以将曲线沿轴心旋转成一个完整的曲面。

单击按钮，将鼠标光标移到曲线上，光标变为形状，单击鼠标左键，曲线发生旋转，如图 6-84 所示。

创建规则曲面：该工具命令可以在两条曲线之间，根据曲线的形状创建一个曲面。

创建两条曲线，单击按钮，鼠标光标变为形状，依次单击曲线，在两条曲线之间生成一个曲面，如图 6-85 所示。

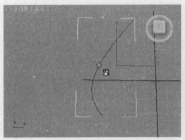

图 6-84

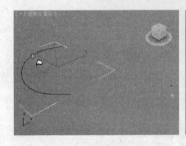

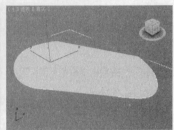

图 6-85

创建封口曲面：该工具命令可以将一个未封顶的曲面物体加盖封顶。

单击 按钮，将鼠标光标移到曲面物体上，光标变为 形状，单击曲面物体即可，如图 6-86 所示。

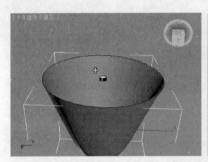
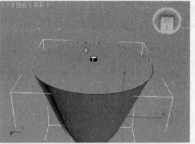

图 6-86

创建 U 向放样曲面：该工具命令可以将一组曲线作为放样截面，生成一个新的曲面。

创建一组曲线，单击 按钮，将鼠标光标移到起始曲线上，光标变为 形状，依次单击这组曲线，即可生成一个曲面，如图 6-87 所示。

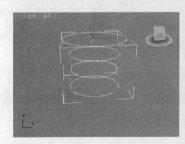

图 6-87

创建 UV 放样曲面：该工具命令可以将两个方向上的曲线作为放样截面，生成一个新的曲面。

创建几条不同方向上的曲线，单击 按钮，将鼠标光标移到竖向的第一条曲线上，光标变为 形状，连续单击同方向的曲线，单击鼠标右键，再连续单击横向的曲线，最后单击鼠标右键结束，生成一个新的曲面，如图 6-88 所示。

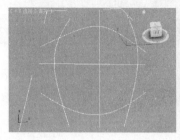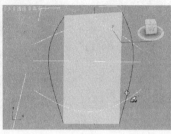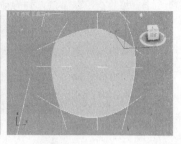

图 6-88

创建单轨扫描：该工具命令与放样命令相同，创建两条曲线分别作为路径和截面，从而生成一个曲面。

创建两条曲线，单击 按钮，将鼠标光标移到一条曲线上，光标变为 形状，依次单击两条曲线，即可生成一个曲面，如图 6-89 所示。

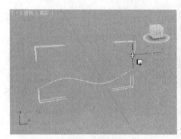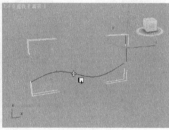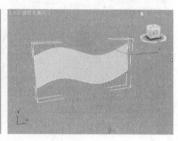

图 6-89

创建双轨扫描：与 （创建单轨扫描）原理相似，但需要 3 条曲线，一条作为截面，另两条作为曲面两侧的路径，从而生成一个曲面。

创建 3 条曲线，单击 按钮，将鼠标光标移到右侧的路径上，光标变为 形状，在路径上单击，再单击左侧的路径，然后再单击上边的作为截面的曲线，单击右键结束创建，即可生成曲面，如图 6-90 所示。

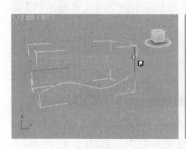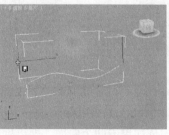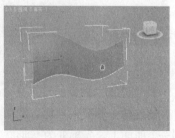

图 6-90

创建多边混合曲面：该工具命令用来在 3 个以上的曲面间建立平滑的混合曲面。

先创建 3 个曲面，使用 （创建混合曲面）工具命令将 3 个曲面连接，会发现 3 个曲面间有一个空洞，单击 按钮，将鼠标光标移到连接的曲面上，光标变为 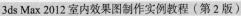 形状，依次单击 3 个连接曲面，即可生成多重混合曲面，如图 6-91 所示。

图 6-91

创建多重曲线修剪曲面：该工具命令可以在依附有曲线的曲面上进行剪切，从而生成新的曲面。

单击"📍 > ⭕ > 点曲面"按钮，在顶视图中创建一个曲面，在 NURBS 工具面板中单击"创建点曲线"按钮，在顶视图中创建一条曲线，如图 6-92 所示。单击"创建法向投影曲线"按钮，依次单击曲线和曲面，将曲线映射到曲面上，如图 6-93 所示。

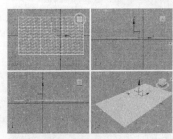 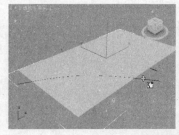 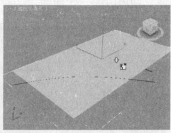

图 6-92   图 6-93

单击 按钮，将鼠标光标移到曲面上，光标变为 形状，单击曲面，再单击曲线，即可生成剪切的曲面，如图 6-94 所示。

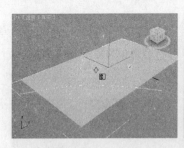 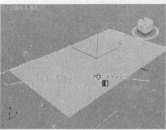 

图 6-94

创建圆角曲面：该工具命令用于在两个相交的曲面之间创建出一个圆滑的曲面。

创建两个相交的曲面，利用 附加 工具将其结合为一个整体，单击 按钮，将鼠标光标移到一个曲面上，光标变为 形状，依次单击两个曲面，即可生成圆角曲面，如图 6-95 所示。

操作结束后会发现圆角曲面很小，在命令面板中修改"起始半径"和"结束半径"的数值，圆角曲面即会增大，如图 6-96 所示。

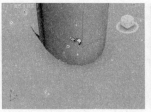

图 6-95

图 6-96

6.4 课堂练习——苹果的制作

【练习知识要点】使用球体工具，将球体转换为 NURBS，通过调整"曲面 CV"调整出苹果模型，如图 6-97 所示。

【效果图文件所在位置】光盘/ CH06/效果/苹果.max。

图 6-97

6.5 课后习题——吊灯的制作

【习题知识要点】使用矩形、线、切角圆柱体、切角长方体、编辑样条线和 FFD 4×4×4 命令编辑完成，如图 6-98 所示。

【效果图文件所在位置】光盘/CH06/效果/吊灯.max。

图 6-98

第7章

材质和纹理贴图

本章将重点介绍 3ds Max 2012 的材质编辑器，对各种常用的材质类型进行详细讲解。通过本章的学习，希望读者可以融会贯通，对材质类型的特性会有较深入的认识和了解，能制作出具有想象力的图像效果。

课堂学习目标

- 材质编辑器
- 材质类型
- 标准材质的编辑
- 设置纹理贴图
- 反射和折射贴图

7.1 材质编辑器

学习材质和纹理贴图的第一步就是认识和使用材质编辑器。材质编辑器是 3ds Max 2012 中专门用于编辑材质的工具。

7.1.1 材质示例窗

材质示例窗是用于显示材质效果的窗口，每个方格中的材质球都代表一个材质。对材质设置的颜色、反光和透明效果都会在材质示例窗口中显示出来。编辑好的材质必须赋予物体才能有效。单击工具栏中的"材质编辑器"按钮或按 M 键，都会弹出"材质编辑器"窗口，如图 7-1 所示。

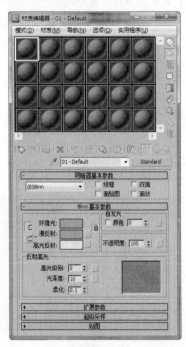

图 7-1

材质示例窗共有 24 个。3ds Max 2012 提供了 3 种显示模式。在示例窗中单击鼠标右键，在弹出的菜单中选择其他显示模式，即可显示为相对应的窗口模式，如图 7-2 所示。

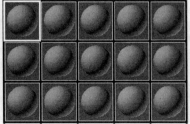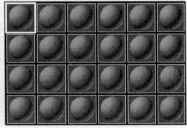

图 7-2

在材质示例窗中按住鼠标滚轮不放并拖曳鼠标，材质球会旋转，用于观察效果。旋转材质球后的效果不会影响被赋予该材质的物体，如图 7-3 所示。

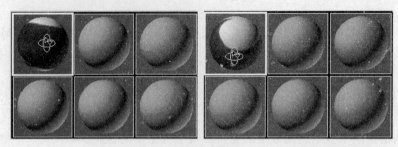

图 7-3

如果旋转后效果不满意或者想恢复到材质球的初始状态，可以在材质编辑器的菜单栏中选择"材质 > 重置示例窗旋转"命令，如图 7-4 所示，材质球即可回到初始状态，如图 7-5 所示。

如果觉得材质球显示得太小，可以双击材质球，弹出一个浮动窗口，用于显示材质球的效果，如图 7-6 所示，拖曳浮动窗口的边框，可以放大或缩小浮动窗口。

图 7-4

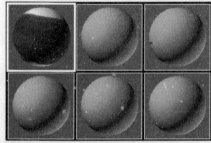

图 7-5

图 7-6

选中一个材质球，按住鼠标左键不放向其他材质球中拖曳，可以得到一个相同的材质形态，如图 7-7 所示。

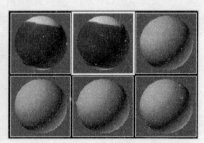

图 7-7

7.1.2 材质编辑器的工具栏

材质编辑器的工具栏可分为水平工具栏和垂直工具栏两部分。工具栏中包含了进行材质处理的快捷按钮，如图 7-8 所示。

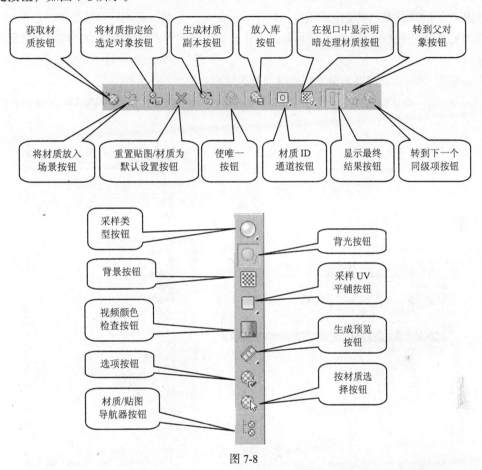

图 7-8

获取材质：单击该按钮，弹出"材质/贴图浏览器"窗口，可以从中选择材质和贴图。

将材质指定给选定对象：将示例窗中的材质赋予被选择的物体，赋予后该材质会变为同步材质。

重置贴图/材质为默认设置：将当前编辑的材质恢复到初始状态。

生成材质副本：单击该按钮，将在当前材质上复制出一个相同的材质。

在视口中显示明暗处理材质：单击该按钮，可在场景中显示该材质的贴图效果。

转到父对象：向上移动一个材质层级，只对具有次层级的材质有效。

转到下一个同级项：移动到同一材质层级，只对具有并行层级的材质有效。

采样类型：用于控制材质球的形态，该按钮具有两个隐藏按钮，可以将材质球的形态显示为圆柱体和方体。

背光：为材质球增加背光效果。

背景：在示例窗中增加一个彩色的方格背景，可用于透明或具有反射性质的材质效果的参照和调节。

☐采样 UV 平铺：用于测试贴图的重复效果，只改变材质球的显示效果，对场景中的物体没有影响。

☒按材质选择：单击该按钮，会弹出"选择对象"对话框，蓝色部分是被赋予当前材质的物体，如图 7-9 所示，单击 选择 按钮，即可选择这些物体。

☒从对象拾取材质：单击该按钮后，鼠标光标变为 形状，将光标移到具有材质的物体上，光标变为 形状，单击鼠标左键，该物体的材质会被选择到当前的材质球中，可对该材质进行修改和编辑。

| 02 - Default ▼ |：可以为编辑好的材质起名字。

| Standard |：单击该按钮，会弹出"材质/贴图浏览器"窗口，从中可选择各种材质和贴图类型，如图 7-10 所示。

图 7-9

图 7-10

7.2 材质类型

在 3ds Max 2012 中，材质的制作占有很重要的位置，它是真实表现三维场景的关键。3ds Max 2012 中的材质用于设置场景中物体的反射或光线传输的属性，可以赋予不同的物体，使用不同类型的材质或贴图。3ds Max 2012 中包括标准材质、光线追踪材质、建筑材质、虫漆材质、顶/底材质、合成材质和混合材质等 19 种可供选择的材质类型。

命令介绍

材质类型：每种材质都属于一种类型。默认类型为标准，这可能是您最常用的材质类型。通常，其他材质类型都有特殊用途。

7.2.1　课堂案例——植物的制作

【案例学习目标】完全使用材质的编辑来完成衣服效果。

【案例知识要点】通过漫反射颜色、不透明度和凹凸等贴图通道的配合使用来完成植物的制作，如图 7-11 所示。

【效果图文件所在位置】光盘/CH07/效果/植物.max。

图 7-11

（1）确定输入法状态为英文输入法状态，按快捷键 8，首先在弹出的"环境和效果"对话框中单击"背景"组中的"无"按钮，然后在弹出的"材质/贴图浏览器"中选择"位图"贴图，最后单击 确定 按钮，如图 7-12 所示。

（2）在弹出的"选择位图图像文件"对话框中选择光盘目录中的"map >Ch07 >植物 >卧室 ok.tif"文件，单击"打开"按钮，如图 7-13 所示。

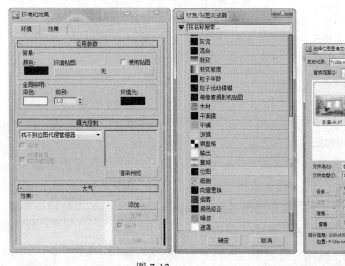

图 7-12

图 7-13

（3）选择透视图，按 Alt+B 组合键，在弹出的对话框中选择"使用环境背景"和"显示背景"选项，如图 7-14 所示。

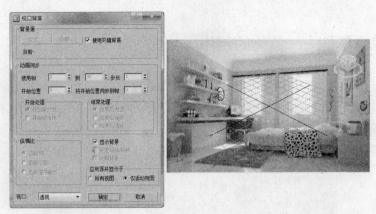

图 7-14

（4）在前视图中创建平面，并设置合适的参数，如图 7-15 所示。

（5）在工具栏中单击材质编辑器按钮 🔳，打开材质编辑器，如图 7-16 所示。

在"Blinn 基本参数"卷展栏中单击"漫反射"后的灰色按钮，在弹出的对话框中选择"位图"，单击 🔲 确定 按钮。

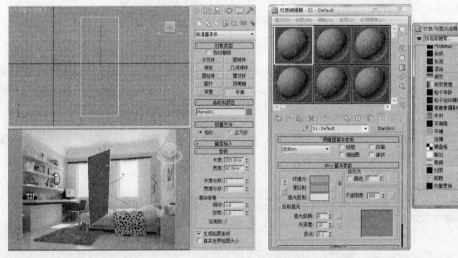

图 7-15　　　　　　　　　　　　　　　　　图 7-16

（6）在弹出的"选择位图图像文件"对话框中选择光盘目录中的"map > Ch07 >植物 >半棵植物.jpg"文件，单击"打开"按钮，如图 7-17 所示。

（7）在"贴图"卷展栏中单击"不透明度"后的 None 按钮，在弹出的"材质/贴图浏览器"对话框中选择"位图"，如图 7-18 所示。

（8）在弹出的"选择位图图像文件"对话框中选择光盘目录中的"map >Ch07 >植物 >半棵植物-透明.jpg"文件，单击"打开"按钮，如图 7-19 所示。

（9）单击将材质制定给选定对象按钮 🔳，将材质指定给场景中的平面模型，如图 7-20 所示。

（10）在透视图中调整角度，如图 7-21 所示。

（11）单击工具栏中的渲染设置按钮 🔳，在弹出的对话框中设置渲染尺寸，如图 7-22 所示。

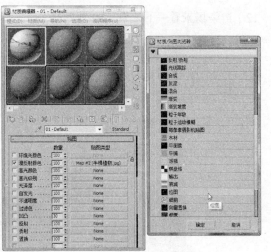

图 7-17   图 7-18

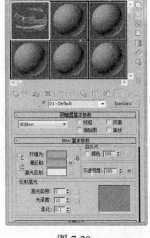

图 7-19   图 7-20

图 7-21   图 7-22

195

（12）渲染场景看一下效果，如图 7-23 所示。

图 7-23

7.2.2 标准材质

材质编辑器的下方是材质的参数控制区。标准材质类型的参数非常多，下面来介绍几个在编辑材质时常用的参数面板。

1. 明暗器基本参数
该卷展栏中的参数用于设置材质的明暗效果以及渲染形态，如图 7-24 所示。

图 7-24

线框：选择该复选框后，将以网格线框的方式对物体进行渲染，如图 7-25 所示。

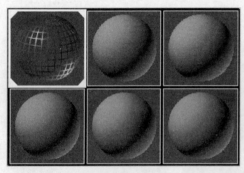 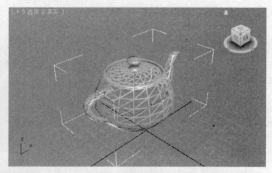

图 7-25

双面：选择该复选框后，将对物体的双面全部进行渲染，如图 7-26 所示。

（a）点选"双面"前　　　　　　　　（b）点选"双面"后

图 7-26

面贴图：选择该复选框后，可将材质赋予物体的所有面，如图 7-27 所示。

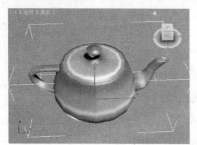
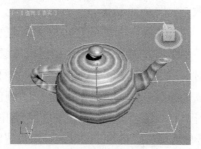

（a）点选"面贴图"之前　　　　　　（b）点选"面贴图"之后

图 7-27

面状：选择该复选框后，物体将以面方式被渲染，如图 7-28 所示。

图 7-28

[(B)Blinn ▼] 明暗方式下拉列表框：用于选择材质的渲染属性。3ds Max 2012 提供了 8 种渲染属性，如图 7-29 所示。其中，"Blinn"、"金属"、"各向异性" 和 "Phong" 是比较常用的材质渲染属性。

Blinn：以光滑方式进行表面渲染，易表现冷色坚硬的材质，是 3ds Max 2012 默认的渲染属性。

金属：专用金属材质，可表现出金属的强烈反光效果。

图 7-29

197

各向异性：多用于椭圆表面的物体，能很好地表现出毛发、玻璃、陶瓷和粗糙金属的效果。

Phong：以光滑方式进行表面渲染，易表现暖色柔和的材质。

多层：具有两组高光控制选项，能产生更复杂、有趣的高光效果，适合做抛光的表面和特殊效果等，如缎纹、丝绸和光芒四射的油漆等效果。

Oren-Nayer-Blinn：是"Blinn"渲染属性的变种，但它看起来更柔和，适合表面较为粗糙的物体，如织物和地毯等效果。

Strauss：其属性与"金属"相似，多用于表现金属，如光泽的油漆和光亮的金属等效果。

半透明明暗器：专用于设置半透明材质，多用于表现光线穿过半透明物体，如窗帘、投影屏幕或者蚀刻了图案的玻璃的效果。

2．基本参数面板

基本参数面板中的参数不是一直不变的，而是随着渲染属性的改变而改变，但大部分参数都是相同的。这里以常用的"Blinn"和"各向异性"为例来介绍参数面板中的参数。

⊙ Blinn 基本参数面板中显示的是 3ds Max 2012 默认的基本参数，如图 7-30 所示。

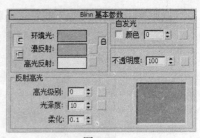

图 7-30

环境光：用于设置物体表面阴影区域的颜色。

漫反射：用于设置物体表面漫反射区域的颜色。

高光反射：用于设置物体表面高光区域的颜色。

单击这 3 个参数右侧的颜色框，会弹出"颜色选择器"对话框，如图 7-31 所示，设置好合适的颜色后单击 确定(O) 按钮即可。若单击 重置(R) 按钮，设置的颜色设置将回到初始位置。对话框右侧用于设置颜色的红、绿、蓝值，可以通过数值来设置颜色。

自发光：使材质具有自身发光的效果，可用于制作灯和电视机屏幕的光源物体。该参数可以在数值框中输入数值，此时"漫反射"将作为自发光色，如图 7-32 所示。也可以选择左侧的复选框，使数值框变为颜色框，然后单击颜色框选择自发光的颜色，如图 7-33 所示。

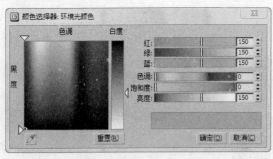

图 7-31　　　　　　　　　　　图 7-32　　　　　　　　　图 7-33

不透明度：用于设置材质的不透明百分比值，默认值为"100"，表示完全不透明，值为"0"时，表示完全透明。

反射高光选项组：用于设置材质的反光强度和反光度。

高光级别：用于设置高光亮度。值越大，高光亮度就越大。

光泽度：用于设置高光区域的大小。值越大，高光区域越小。

柔化：具有柔化高光的效果，取值在 0~1.0。

⊙ 各向异性基本参数。在明暗方式下拉列表框中选择"各向异性"方式，基本参数面板中的参数发生变化，如图 7-34 所示。

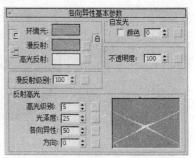

漫反射级别：用于控制材质的"环境光"颜色的亮度，改变参数值不会影响高光。取值范围为 0 ~ 400，默认值为 100。

各向异性：控制高光的形状。

方向：设置高光的方向。

图 7-34

⊙ 贴图通道设置面板。贴图是制作材质的关键环节，3ds Max 2012 在标准材质的贴图设置面板中提供了多种贴图通道，如图 7-35 所示。每一种都有其独特之处，通过贴图通道进行材质的赋予和编辑，能使模型具有真实的效果。

在贴图设置面板中有部分贴图通道与前面基本参数面板中的参数对应。在基本参数面板中可以看到有些参数的右侧都有一个 按钮，这和贴图通道中的 None 按钮的作用相同，单击后都会弹出"材质/贴图浏览器"窗口，如图 7-36 所示。在"材质/贴图浏览器"窗口中可以选择贴图类型。下面先对贴图通道进行介绍。

图 7-35

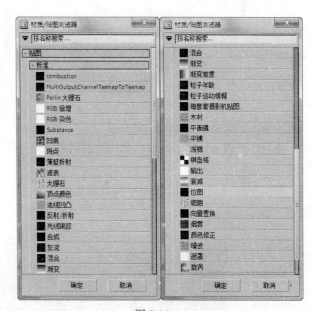

图 7-36

环境光颜色贴图通道：将贴图应用于材质的阴影区，默认状态下，该通道被禁用。

漫反射颜色贴图通道：用于表现材质的纹理效果，是最常用的一种贴图，如图 7-37 所示。

高光颜色贴图通道：将材质应用于材质的高光区。

高光级别贴图通道：与高光区贴图相似，但强度取决于高光强度的设置。

光泽度贴图通道：贴图应用于物体的高光区域，控制物体高光区域贴图的光泽度，如图 7-38 所示。

图 7-37 图 7-38

自发光贴图通道：将贴图以一种自发光的形式应用于物体表面，颜色浅的部分会产生发光效果。

不透明度贴图通道：根据贴图的明暗部分在物体表面上产生透明的效果，颜色深的地方透明，颜色浅的地方不透明，如图 7-39 所示。

过滤色贴图通道：根据贴图图像像素的深浅程度产生透明的颜色效果。

凹凸贴图通道：根据贴图的颜色产生凹凸的效果，颜色深的区域产生凹下效果，颜色浅的区域产生凸起效果，如图 7-40 所示。

图 7-39 图 7-40

反射贴图通道：用于表现材质的反射效果，是一个在建模中重要的材质编辑参数，如图 7-41 所示。

折射贴图通道：用于表现材质的折射效果，常用于表现水和玻璃的折射效果，如图 7-42 所示。

图 7-41 图 7-42

7.2.3 光线跟踪材质类型

光线跟踪材质是一种高级的材质类型。当光线在场景中移动时，通过跟踪对象来计算材质颜色，这些光线可以穿过透明对象，在光亮的材质上反射，得到逼真的效果。

光线跟踪材质产生的反射和折射的效果要比光线追踪贴图更逼真，但渲染速度会变得更慢。

1．选择光线跟踪材质

在工具栏中单击"材质编辑器"按钮 ，打开材质编辑器，单击 Standard 按钮，弹出"材质/贴图浏览器"窗口，如图 7-43 所示。双击"光线跟踪"选项，材质编辑器中会显示光线追踪材质的参数，如图 7-44 所示。

图 7-43

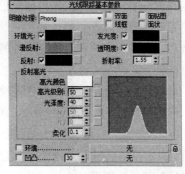

图 7-44

2．光线跟踪材质的基本参数

单击明暗处理方式下拉列表框，会发现光线跟踪材质只有 5 种明暗方式，分别是"Phong"、"Blinn"、"金属"、"Oren-Nayar-Blinn"和"各向异性"，如图 7-45 所示，这 5 种方式的属性和用法与标准材质中的是相同的。

环境光：与标准材质不同，此处的阴影色将决定光线跟踪材质吸收环境光的多少。

| Phong |
| Phong |
| Blinn |
| 金属 |
| Oren-Nayar-Blinn |
| 各向异性 |

图 7-45

漫反射：决定物体高光反射的颜色。

发光度：依据自身颜色来规定发光的颜色。同标准材质中的自发光相似。

透明度：光线追踪材质通过颜色过滤表现出的颜色。黑色为完全不透明，白色为完全透明。

折射率：决定材质折射率的强度。准确调节该数值能真实反映物体对光线折射的不同折射率。值为 1 时，是空气的折射率；值为 1.5 时，是玻璃的折射率；值小于 1 时，对象沿着它的边界进行折射。

反射高光参数栏用于设置物体反射区的颜色和范围。

高光颜色：用于设置高光反射的颜色。

高光级别：用于设置反射光区域的范围。

光泽度：用于决定发光强度，数值在 0~200。

柔化：用于对反光区域进行柔化处理。

环境：选中时，将使用场景中设置的环境贴图；未选中时，将为场景中的物体指定一个虚拟的环境贴图，这会忽略掉在环境和效果对话框中设置的环境贴图。

凹凸：设置材质的凹凸贴图，与标准类型材质中"贴图"卷展栏中的"凹凸"贴图相同。

3. 光线跟踪材质的扩展参数

扩展参数卷展栏中的参数用于对光线跟踪材质类型的特殊效果进行设置，参数如图 7-46 所示。

⊙ 特殊效果选项组。

附加光：这项功能能像环境光一样，能用于模拟从一个对象放射到另一个对象上的光。

半透明：可用于制作薄对象的表面效果，有阴影投在薄对象的表面。当用在厚对象上时，可以用于制作类似于蜡烛或有雾的玻璃效果。

荧光和荧光偏移："荧光"使材质发出类似于黑色灯光下的荧光颜色，它将引起材质被照亮，就像被白光照亮，而

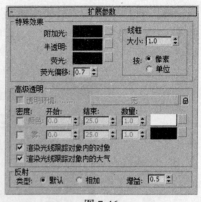

图 7-46

不管场景中光的颜色。而"荧光偏移"决定亮度的程度，1.0 表示最亮，0 表示不起作用。

⊙ 高级透明选项组。

密度和颜色：可以使用颜色密度创建彩色玻璃效果，其颜色的程度取决于对象的厚度和"数量"参数设置，"开始"参数用于设置颜色开始的位置，"结束"参数用于设置颜色达到最大值的距离。"雾"与"颜色"相似，都是基于对象厚度，可用于创建烟状效果。

⊙ 反射选项组决定反射时漫反射颜色的发光效果。选择"默认"单选按钮时，反射被分层，把反射放在当前漫反射颜色的顶端；选择"相加"单选按钮时，给漫反射颜色添加反射颜色。

增益：用于控制反射的亮度，取值范围为 0~1。

7.3 纹理贴图

对于纹理较为复杂的材质，用户一般都会采用贴图来实现。贴图能在不增加物体复杂程度的基础上增加物体的细节，提高材质的真实性。

命令介绍

纹理贴图：3ds Max 2012 中提供了 42 种纹理贴图类型，按类型可分为 2D 贴图、3D 贴图、合成器贴图、颜色修改器贴图和其他类型。

7.3.1 课堂案例——木纹材质的设置

【案例学习目标】掌握为模型二维贴图的方法。

【案例知识要点】通过"漫反射"贴图通道对材质位图参数进行编辑来完成效果的制作，如图 7-47 所示。

【效果图文件所在位置】光盘/CH07/效果/木纹 ok.max。

图 7-47

（1）选择"文件 > 打开"命令，打开光盘目录中的"Scene > Ch07 > 木纹 o.max"文件，如图 7-48 所示。

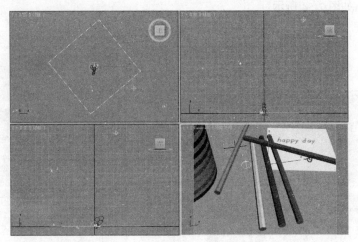

图 7-48

（2）打开材质编辑器，从中选择一个新的材质样本球，如图 7-49 所示。

在"Blinn 基本参数"卷展栏中设置"环境光"和"漫反射"的 RGB 为 80、56、10；在"反射高光"组中设置"高光级别"为 51、"光泽度"为 28。

（3）在"贴图"卷展栏中单击"漫反射"后的 None 按钮，在弹出的对话框中选择"位图"贴图，如图 7-50 所示。

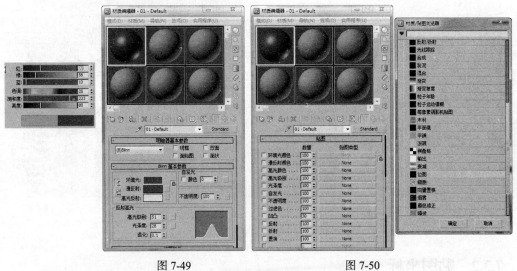

图 7-49　　　　　　　　　　图 7-50

（4）在弹出的对话框中选择光盘目录中的"Map > Ch07 > 植物 > 107_untile.jpg"文件，单击"打开"按钮，如图 7-51 所示。

（5）进入贴图层级，单击视口中显示明暗处理材质按钮，单击将材质制定给选定对象按钮，如图 7-52 所示。

（6）制定材质后，在视口中显示出材质的效果，如图 7-53 所示。

（7）从视口中可以看出贴图过大。下面来介绍如何处理贴图。在场景中选择平面，在修改器列表中选择"UVW 贴图"修改器，在"贴图"卷展栏中选择"平面"选项，并设置"长度"和"宽度"的参数，如图 7-54 所示。

图 7-51   图 7-52

图 7-53

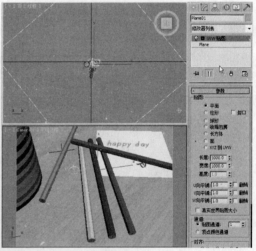

图 7-54

7.3.2 贴图坐标

贴图在空间上是有方向的，当为对象指定一个二维贴图材质时，对象必须使用贴图坐标。贴图坐标指明了贴图投射到材质上的方向，以及是否被重复平铺或镜像等，它使用 UVW 坐标轴的方式来指明对象的方向。

在贴图通道中选择纹理贴图后，材质编辑器会进入纹理贴图的编辑参数，二维贴图与三维贴图的参数窗口非常相似，大部分参数都相同，如图 7-55 所示。下图分别是"位图"和"噪波"贴图的编辑参数。

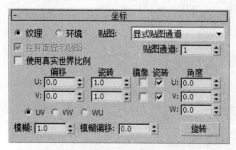 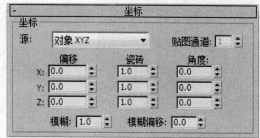

图 7-55

偏移：在选择的坐标平面中移动贴图的位置。

瓷砖：设置沿着所选坐标方向贴图被平铺的次数。

镜像：设置是否沿着所选坐标轴镜像贴图。

瓷砖复选框：激活 > 禁用贴图平铺。

角度：设置贴图沿着各个坐标轴方向旋转的角度。

旋转：单击此按钮，打开一个"旋转贴图"对话框，可以对贴图的旋转进行控制。

模糊：根据贴图与视图的距离来模糊贴图。

模糊偏移：用于对贴图增加模糊效果，但是它与距离视图远近没有关系。

UV > VW > WU：用于选择 2D 贴图的坐标平面，默认为 UV 平面，VW 和 WU 平面都与对象表面垂直。

通过贴图坐标参数的修改，可以使贴图在形态上发生改变，见表 7-1。

表 7-1

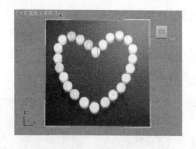	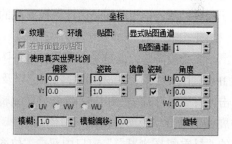

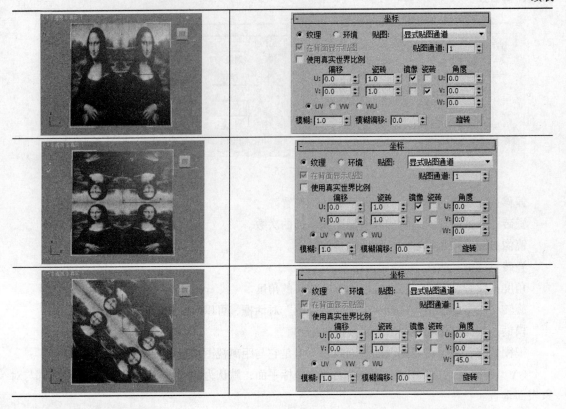

7.3.3　二维贴图

二维贴图是使用二维的图像贴在物体表面或使用环境贴图为场景创建背景图像，其他二维贴图都属于程序贴图。程序贴图是由计算机生成的贴图图像效果。

1．位图

位图贴图是最简单，也是最常用的二维贴图。它是在物体表面形成一个平面的图案。位图支持包括 JPG、TIF、TGA、BMP 的静帧图像以及 AVI、FLC、FLI 等动画文件。

单击“材质编辑器”按钮 ，打开材质编辑器，在“贴图”卷展栏中单击“漫反射颜色”右侧的 None 按钮，在弹出的“材质/贴图浏览器”窗口中双击“位图”选项，从中查找贴图，打开后进入“位图”的参数控制面板，如图 7-56 所示。

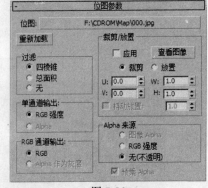

图 7-56

“位图”按钮：用于设定一个位图，选择的位图文件名称将出现在按钮上面。需要改变位图文件也可单击该按钮重新选择。

重新加载：单击此按钮，将重新载入所选的位图文件。

⊙　过滤选项组用于选择对位图应用反走样的计算方法。有四棱锥、总面积和无可以选择。“总面积”选项要求更多的内存，但是会产生更好的效果。

⊙　RGB 通道输出选项组使位图贴图的 RGB 通道是彩色的。Alpha 作为灰度选项基于

Alpha 通道显示灰度级色调。

⊙ Alpha 来源选项组用于控制在输出 Alpha 通道组中的 Alpha 通道的来源。

图像 Alpha：以位图自带的 Alpha 通道作为来源。

RGB 强度：将位图中的颜色转换为灰度色调值，并将它们用于透明度。黑色为透明，白色为不透明。

无（不透明）：不适用不透明度。

⊙ 裁剪/放置选项组用于裁剪或放置图像的尺寸。裁剪也就是选择图像的一部分区域，它不会改变图像的缩放。放置是在保持图像完整的同时进行缩放。裁剪和放置只对贴图有效，并不会影响图像本身。

应用：启用/禁用裁剪或放置设置。

查看图像：单击此按钮，将打开一个虚拟缓冲器，用于显示和编辑要裁剪或放置的图像，如图 7-57 所示。

裁剪：选中时，表示对图像进行裁剪操作。

放置：选中时，表示对图像进行放置操作。

U/V：调节图像的坐标位置。

W/H：调节图像或裁剪区的宽度和高度。

抖动放置：当选中放置时，它使用一个随机值来设定放置图像的位置，在虚拟缓冲器窗口中设置的值将被忽略。

图 7-57

2．棋盘格贴图

该贴图类型是一种程序贴图，可以生成两种颜色的方格图像，如果使用了重复平铺，则与棋盘相似，如图 7-58 所示。

打开材质编辑器，在"漫反射颜色"贴图通道中选择"棋盘格"贴图，进入参数面板，如图 7-59 所示。

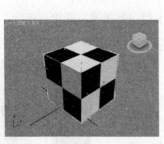

图 7-58　　　　　　　　　　　　　　　　　图 7-59

棋盘格贴图的参数非常简单，可以自定义颜色和贴图。

柔化：用于模糊柔和方格之间的边界。

交换：用于交换两种方格的颜色。使用后面的颜色样本可以为方格设置颜色，还可以单击后面的按钮来为每个方格指定贴图。

3．渐变贴图

该贴图类型可以混合 3 种颜色以形成渐变效果，如图 7-60 所示。

打开材质编辑器，在"漫反射颜色"贴图通道中选择"渐变"贴图，进入参数面板，如图 7-61 所示。

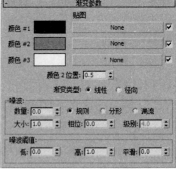

图 7-60   图 7-61

颜色#1~3：设置渐变所需的 3 种颜色，也可以为它们指定一个贴图。颜色#2 用于设置两种颜色之间的过渡色。

颜色 2 位置：设定颜色 2（中间颜色）的位置，取值范围为 0 ~ 1.0。当值为 0 时，颜色 2 取代颜色 3；当值为 1 时，颜色 2 取代颜色 1。

渐变类型：设定渐变是线性方式还是从中心向外的放射方式。

噪波选项组：用于应用噪波效果。

数量：当值大于 0 时，给渐变添加一个噪波效果。有规则、分形和湍流 3 种类型可以选择。

大小：用于缩放噪波的效果。Phase 控制设置动画时噪波变化的速度，Levels 设定噪波函数应用的次数。

噪波阈值选项组用于在高与低中设置噪波函数值的界限，平滑参数使噪波变化更光滑，值为"0"表示没有使用光滑。

7.3.4　课堂案例——花瓶的三维贴图

【案例学习目标】掌握为模型三维贴图的方法。

【案例知识要点】通过"漫反射"贴图通道对材质位图参数进行编辑以及使用"UVW 贴图"命令设置纹理来完成效果的制作，如图 7-62 所示。

【效果图文件所在位置】光盘/CH07/效果/花瓶材质 ok.max。

图 7-62

（1）选择"文件 > 打开"命令，打开光盘目录中的"Scene > ch07 > 花瓶材质 o.max"文件，如图 7-63 所示。

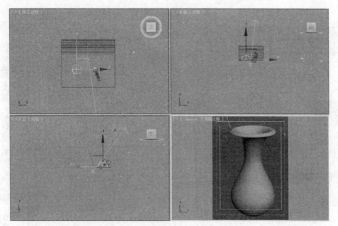

图 7-63

（2）打开材质编辑器，从中选择一个新的材质样本球，如图 7-64 所示。

设置"Blinn 基本参数"卷展栏中的"高光级别"为 60、"光泽度"为 20。

（3）在"贴图"卷展栏中单击"漫反射"后的 None 按钮，在弹出的"材质/贴图浏览器"中选择"位图"贴图，如图 7-65 所示。

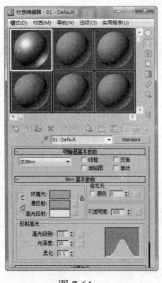

图 7-64　　　　　　　　　　　　　　　　　　图 7-65

（4）在弹出的"选择位图图像文件"对话框中选择光盘目录中的"Map > Ch07 > 花瓶材质 > 爱莲.jpg"文件，如图 7-66 所示。

（5）进入贴图层级，单击转到父对象按钮，回到主材质面板，在"贴图"卷展栏中单击"凹凸"后的 None 按钮，在弹出的对话框中选择"位图"贴图，如图 7-67 所示。

（6）再在弹出的"选择位图图像文件"对话框中选择光盘目录中的"Map > Ch07 > 花瓶材质 > 爱莲-凹凸.jpg"文件，如图 7-68 所示。

（7）单击将材质指定给选定对象按钮🔲，再次单击视口中显示明暗处理材质按钮🔲，如图 7-69 所示。

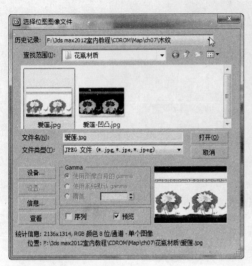

图 7-66

图 7-67

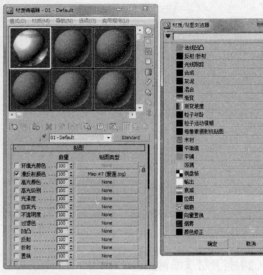

图 7-68

图 7-69

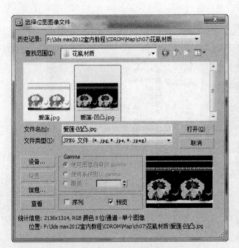

（8）选择花瓶，在修改器列表中选择"UVW 贴图"修改器，在"参数"卷展栏中选择"柱形"选项，并在"对齐"组中选择 X 选项，单击"适配"按钮，如图 7-70 所示。

（9）将 UVW 贴图修改器的选择集定义为 Gizmo，在前视图中沿着 Y 轴向上移动 Gizmo，如图 7-71 所示。

（10）渲染场景，得到如图 7-72 所示的效果。

（11）降低一下灯光的倍增参数，如图 7-73 所示。

（12）最后渲染场景，得到如图 7-74 所示的效果。

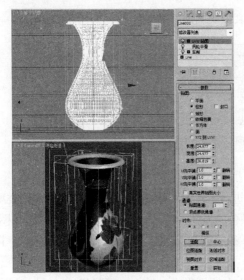

图 7-70　　　　　　　　　　　图 7-71

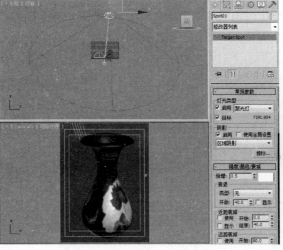

图 7-72　　　　　　　　　　图 7-73　　　　　　　　　　图 7-74

7.3.5　三维贴图

三维贴图属于三维程序贴图，它是由数学算法生成的，属于这一类的贴图类型最多，在三维空间中贴图时使用最频繁。当投影共线时，它们紧贴对象并且不会像二维贴图那样发生褶皱，而是均匀覆盖一个表面。如果对象被切掉一部分，贴图会沿着剪切的边对齐。

下面就来介绍几种常用的三维贴图。

1．衰减贴图

该贴图类型用于表现颜色的衰减效果。"衰减"贴图定义了一个灰度值，是以被赋予材质的对象表面的法线角度为起点渐变的。通常把"衰减"贴图用在"不透明度"贴图通道，用于对对象的不透明程度进行控制，如图 7-75 所示。

选择"衰减"贴图后，材质编辑器中会显示衰减贴图的参数卷展栏，如图 7-76 所示。

图 7-75

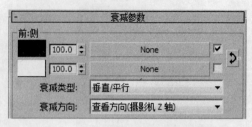
图 7-76

⊙ 衰减参数选项组。两个颜色样本用于设置进行衰减的两种颜色，当选择不同的衰减类型时，其代表的意思也不同。在后面的数值框中可设定颜色的强度，还可以为每种颜色指定纹理贴图。

衰减类型：用于选择衰减类型，包括垂直/平行、朝向/背离、Fresnel（基于折射率）、阴影/灯光和距离混合，如图 7-77 所示。

衰减方向：用于选择衰减的方向，包括查看方向（摄影机 Z 轴）、摄像机 X/Y 轴、对象、局部 X/Y/Z 轴和世界 X/Y/Z 轴等，如图 7-78 所示。

⊙ 混合曲线卷展栏用于精确地控制衰减所产生的渐变，如图 7-79 所示。

在混合曲线控制器中可以为渐变曲线增加控制点和移动控制点位置等，与其他曲线控制器的操作方法相同。

图 7-77

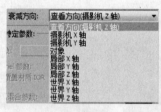
图 7-78

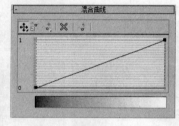
图 7-79

2．噪波贴图

该贴图类型可以使物体表面产生起伏而不规则的噪波效果，在建模中经常会在"凹凸"贴图通道中使用，如图 7-80 所示。

在贴图通道中选择"噪波"贴图后，材质编辑器中会显示噪波的参数卷展栏，如图 7-81 所示。

图 7-80

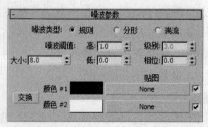
图 7-81

噪波类型：分为规则、分形和湍流 3 种类型，如图 7-82 所示。

（a）规则　　　　　　　（b）分形　　　　　　　（c）湍流

图 7-82

噪波阈值：通过高/低值来控制两种颜色的限制。

大小：用于控制噪波的大小。

级别：用于控制分形运算时迭代的次数，数值越大，噪波越复杂。

颜色#1/2：分别设置噪波的两种颜色，也可以指定为两个纹理贴图。

在其他纹理贴图的参数卷展栏中都会有噪波的参数。可见，噪波是一种非常重要的贴图类型。

7.3.6　UVW 贴图

对纹理贴图的坐标进行编辑，还有一个更快捷、直观的方法——"UVW 贴图"命令，这个命令可以为贴图坐标的设定带来更多的灵活性。

在建模中会经常遇到这样的问题：同一种材质要赋予不同的物体，要根据物体的不同形态调整材质的贴图坐标。由于材质球数量有限，不可能按照物体的数量分别编辑材质，这时就要使用"UVW 贴图"对物体的贴图坐标进行编辑。

"UVW 贴图"属于修改命令的一种，在修改命令的下拉列表框中就可以选择使用。首先在视图中创建一个物体，赋予物体材质贴图，然后在修改命令面板中选择"UVW 贴图"，其参数如图 7-83 所示。

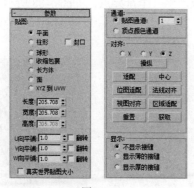

图 7-83

1．贴图选项组

贴图类型用于确定如何给对象应用 UVW 坐标，共有 7 个选项。

平面：该贴图类型以平面投影方式向对象上贴图。它适合于平面的表面，如纸和墙等，如图 7-84 所示。

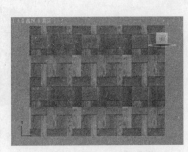

图 7-84

柱形：此贴图类型使用圆柱投影方式向对象上贴图，如螺丝钉、钢笔、电话筒和药瓶等都适于圆柱贴图，如图 7-85 所示。

选择"封口"复选框，圆柱的顶面和底面放置的是平面贴图投影，如图 7-86 所示。

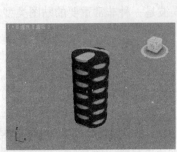

图 7-85　　　　　　　　　　　　　　　　　　图 7-86

球形：该类型围绕对象以球形投影方式贴图，会产生接缝。在接缝处，贴图的边汇合在一起，如图 7-87 所示。

收缩包裹：像球形贴图一样，它使用球形方式向对象投影贴图，但是收缩包裹将贴图所有的角拉到一个点，消除了接缝，只产生一个奇异点，如图 7-88 所示。

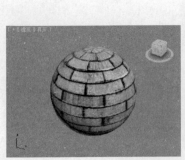

图 7-87　　　　　　　　　　　　　　　　　　图 7-88

长方体：以 6 个面的方式向对象投影。每个面是一个"平面"贴图。面法线决定不规则表面上贴图的偏移，如图 7-89 所示。

面：该类型为对象的每一个面应用一个平面贴图。其贴图效果与几何体面的多少有很大关系，如图 7-90 所示。

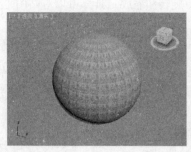

图 7-89   图 7-90

XYZ 到 UVW：此类贴图设计用于三维贴图，可以使三维贴图"粘贴"在对象的表面上，如图 7-91 所示。此种贴图方式的作用是使纹理和表面相配合，表面拉长，贴图也会随之拉长。

图 7-91

长度、宽度、高度：分别指定代表贴图坐标的 Gizmo 物体的尺寸。

U/V/W 向平铺：分别设置 3 个方向上贴图的重复次数。

翻转：将贴图方向进行前后翻转。

2．通道选项组

系统为每个物体提供了 99 个贴图通道，默认使用通道 1。使用此选项组，可将贴图发送到任意一个通道中。通过通道，用户可以为一个表面设置多个不同的贴图。

贴图通道：设置使用的贴图通道。**顶点颜色通道**：指定点使用的通道。

单击修改命令堆栈中"UVW 贴图"命令左侧的加号图标■，可以选择"UVW 贴图"命令的子层级命令，如图 7-92 所示。

"Gizmo"套框命令可以在视图中对贴图坐标进行调节，将纹理贴图的接缝处的贴图坐标对齐。启用该子命令后，物体上会显示黄色的套框，如图 7-93 所示。

图 7-92   图 7-93

利用移动、旋转和缩放工具都可以对贴图坐标进行调整，套框也会随之改变，如图 7-94 所示。

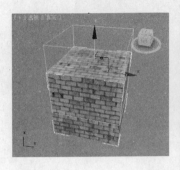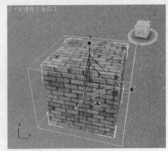

图 7-94

7.3.7　课堂案例——金属材质的制作

【案例学习目标】掌握光线追踪材质的设置方法。

【案例知识要点】使用光线跟踪材质完成效果的制作，如图 7-95 所示。

【效果图文件所在位置】光盘/CH07/效果/金属材质的制作.max。

（1）打开光盘目录中的"Scene > Ch07 > 金属材质的设置.max"文件，如图 7-96 所示。

（2）渲染打开的场景，得到如图 7-97 所示的效果。

图 7-95

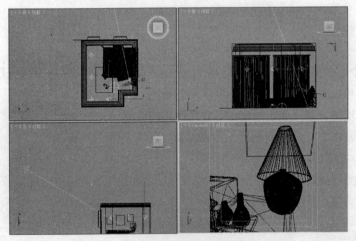

图 7-96

图 7-97

（3）使用从对象拾取材质按钮 ，在场景中拾取台灯赋予的空白材质，如图 7-98 所示。

（4）在显示材质后设置材质，在"明暗器基本参数"卷展栏中选择明暗器类型为"金属"。

在"金属基本参数"卷展栏中取消环境光和漫反射的颜色锁定，设置"环境光"的 RGB 为 204、209、210，设置"漫反射"的 RGB 为 255、255、255，在"反射高光"组中设置"高光级别"为 100、"光泽度"为 85、"自发光"为 15，如图 7-99 所示。

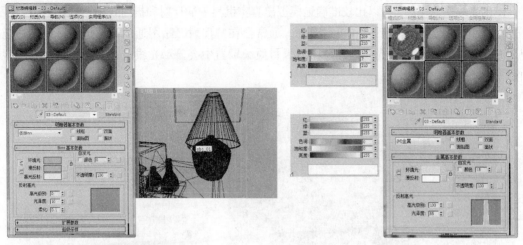

图 7-98   图 7-99

（5）在"贴图"卷展栏中设置"反射"的数量为 40，并为反射制定"光线跟踪"贴图，如图 7-100 所示。

（6）进入贴图层级，使用默认的参数设置，如图 7-101 所示。

（7）渲染场景，得到如图 7-102 所示的效果。

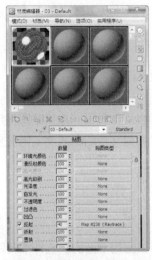

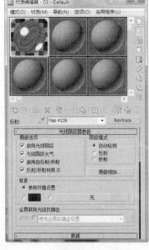

图 7-100   图 7-101   图 7-102

7.3.8 反射和折射贴图

该贴图类型用于处理反射和折射效果，包括平面镜贴图、光线追踪贴图、反射 > 折射贴图和薄壁折射贴图等。每一种贴图都有明确的用途。

下面介绍几种常用的反射和折射贴图。

1．光线追踪贴图

该贴图类型可以创建出很好的光线反射和折射效果，其原理与光线跟踪材质相似，渲染速度要比光线跟踪材质快，但相对于其他材质贴图来说，速度还是比较慢的。

217

使用光线追踪贴图，可以比较准确地模拟出真实世界中的反射和折射效果，如图 7-103 所示。

在建模中，为了模拟反射和折射效果，通常会在"反射"贴图通道或"折射"贴图通道中使用光线追踪贴图。选择光线追踪贴图后，材质编辑器中会显示光线追踪贴图的参数卷展栏，如图 7-104 所示。

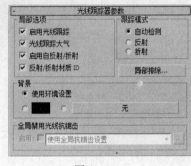

图 7-103　　　　　　　　　　　　　　　　　图 7-104

⊙　局部选项选项组。

启用光线跟踪：打开或关闭光线追踪。

光线跟踪大气：设置是否打开大气的光线追踪效果。

启用自反射/折射：是否打开对象自身反射和折射。

反射/折射材质 ID 号：选中时，此反射折射效果被指定到材质 ID 号上。

⊙　跟踪模式选项组。

自动检测：如果贴图指定到材质的反射贴图通道，光线追踪器将反射光线。如果贴图指定到材质的折射贴图通道，光线追踪器将折射光线。如果贴图指定到材质的其他贴图通道，则需要手动选择是反射光线还是折射光线。

反射：从对象的表面投射反射光线。

折射：从对象的表面向里投射折射光线。

⊙　背景选项组。

使用环境设置：选中时，在当前场景中考虑环境的设置。也可以使用下面的颜色样本和贴图按钮来设置一种颜色或一个贴图来替代环境设置。

2．反射/折射贴图

该贴图能够创建在对象上反射和折射另一个对象影子的效果。它从对象的每个轴产生渲染图像，就像立方体的一个表面上的图像，然后把这些被称为立方体贴图的渲染图像投影到对象上，如图 7-105 所示。

在建模中，要创建反射效果，可以在"反射"贴图通道中选择"反射/折射"贴图，要创建折射效果，可以在"折射"贴图通道中选择"反射/折射"贴图。

在贴图通道中选择"反射/折射"贴图后，材质编辑器中会显示"反射/折射"的参数卷展栏，如图 7-106 所示。

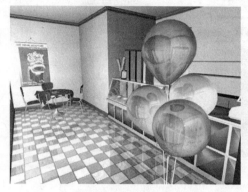

图 7-105

图 7-106

来源选项组：选择立方体贴图的来源。

自动选项：可以自动生成这些从 6 个对象轴渲染的图像。

从文件选项：可以从 6 个文件中载入渲染的图像，这将激活"从文件"选项组中的按钮，可以使用它们载入相应方向的渲染图像。

大小：设置反射/折射贴图的尺寸，默认值为 100。

"使用环境贴图"复选框未选中时，在渲染反射 > 折射贴图时将忽略背景贴图。

模糊选项组：对反射/折射贴图应用模糊效果。

模糊偏移：用于模糊整个贴图效果。

模糊：基于距离对象的远近来模糊贴图。

大气范围选项组：如果场景中包括环境雾，为了正确地渲染出雾效果，必须指定在 Near 和 Far 参数中设定距对象近范围和远范围，还可以单击 取自摄影机 按钮来使用一个摄像机中设定的远近大气范围设置。

自动选项组：只有在来源选项组中选择"自动"单选按钮时，才处于可用状态。

仅第一帧：使渲染器自动生成在第一帧的反射/折射贴图。

每 N 帧：使渲染器每隔几帧自动渲染反射/折射贴图。

7.4　课堂练习——包装盒效果

【练习知识要点】使用反射/折射贴图制作出包装盒的效果，如图 7-107 所示。

【效果图文件所在位置】光盘/CH07/效果/包装盒 ok.max。

图 7-107

7.5 课后习题——香蕉材质的制作

【习题知识要点】使用纹理贴图制作出香蕉材质的效果，如图 7-108 所示。

【效果图文件所在位置】光盘/CH07/效果/香蕉 ok.max。

图 7-108

第8章

灯光和摄像机及环境特效的使用

本章将对 3ds Max 2012 的灯光系统进行详细介绍，并重点介绍标准灯光的使用方法和参数设置，以及对灯光特效的讲解。读者通过学习本章的内容，要掌握标准灯光的使用方法，能够根据场景的实际情况进行灯光设置。

课堂学习目标

- 标准灯光
- 标准灯光的参数
- 天光的特效
- 灯光的特效
- 摄像机的使用及特效

8.1　灯光的使用和特效

灯光的重要作用是为了配合场景营造气氛，所以应该和所照射的物体一起渲染来体现效果。如果将暖色的光照射在冷色调的场景中，就让人感到不舒服了。

8.1.1　课堂案例——室内场景布光

【案例学习目标】了解灯光各参数的用途，学会室内场景布光的基本方法。

【案例知识要点】通过在场景中设置泛光灯、聚光灯来完成效果的制作，如图8-1所示。

【效果图文件所在位置】光盘/ CH08/效果/室内场景布光 ok.max。

图 8-1

（1）选择"文件 > 打开"命令，打开光盘目录中的"Scene > Ch08 > 室内场景布光 ok.max"文件，如图8-2所示，渲染打开文件的摄影视图得到的效果。

图 8-2

（2）创建灯光，单击"　　>　　> 泛光灯 "按钮，在顶视图中创建泛光灯，用于照亮场景，如图8-3所示。在参数面板中设置灯光的颜色为灰色，并调整灯光的其他参数，使用移动工具，按住 Shift 键移动复制灯光，并在场景中调整灯光的位置。

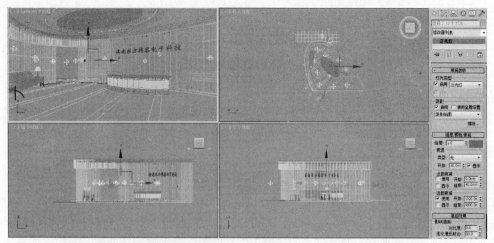

图 8-3

（3）这种创建灯光的方式叫做布置阵列灯光，主要是将场景进行基本的照亮并设置场景中的阴影效果，渲染场景得到如图 8-4 所示的效果。

图 8-4

（4）在场景中台灯的位置处创建泛光灯，设置灯光的参数，并对灯光进行复制，如图 8-5 所示。

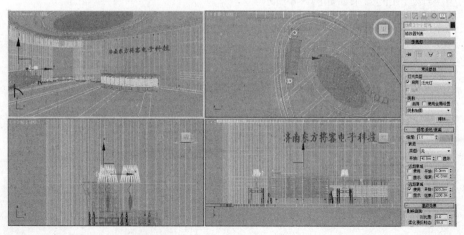

图 8-5

（5）渲染台灯的效果如图 8-6 所示。

图 8-6

（6）单击 "※ > ◁ > 标准 > 目标聚光灯" 按钮，在前视图中接待台的背景墙位置单击并拖动鼠标，创建目标聚光灯，调整灯光的照射角度和位置，设置灯光的参数，如图 8-7 所示，并在场景中对该灯光进行复制，作为接待台处筒灯光效。

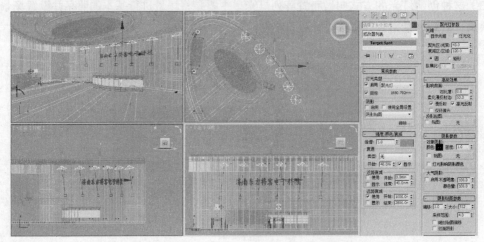

图 8-7

（7）渲染该灯光的效果，如图 8-8 所示。

图 8-8

（8）在场景中，灯光的效果如图 8-9 所示。

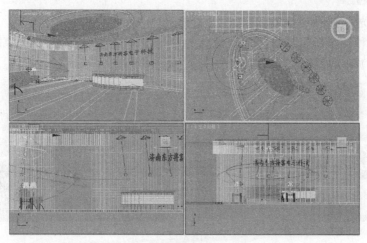

图 8-9

（9）最后得到的效果如图 8-10 所示。

图 8-10

8.1.2　标准灯光

3ds Max 2012 中的灯光可分为标准和光度学两种类型。标准灯光是 3ds Max 2012 的传统灯光。系统提供了 8 种标准灯光，分别是目标聚光灯、Free Spot （自由聚光灯）、目标平行光、自由平行光、泛光灯、天光，还有两种新增的灯光物体 mr 区域泛光灯和 mr 区域聚光灯，如图 8-11 所示。

下面分别对标准灯光进行简单介绍。

1．标准灯光的创建

标准灯光的创建比较简单，直接在视图中拖曳、单击就可完成创建。

目标聚光灯和目标平行光的创建方法相同，在创建命令面板中单击"创建"按钮后，在视图中按住鼠标左键不放并进行拖曳，在合适的位置松开鼠标左键即完成创建。在创建过程中，移动光标可以改变目标点的位置。创建完成后，还可以单独选择光源和目标点，利用移动和旋转工具改变位置和角度。

图 8-11

其他类型的标准灯光只需单击"创建"按钮后，在视图中单击鼠标左键即可完成创建。

2．目标聚光灯和 Free Spot

聚光灯是一种有方向的光源，类似于舞台上的强光灯。它可以准确控制光束的大小，是建模中经常使用的光源，如图 8-12 所示。

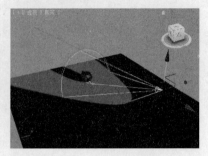

图 8-12

目标聚光灯：可以向移动目标点投射光，具有照射焦点和方向性，如图 8-13 所示。

Free Spot：功能和目标聚光灯一样，只是没有定位的目标点，光是沿着一个固定的方向照射的，如图 8-14 所示。Free Spot 常用于动画制作中。

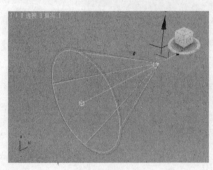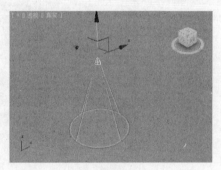

图 8-13   图 8-14

3．目标平行光和自由平行光

平行光可以在一个方向上发射平行的光源，与物体之间没有距离的限制，主要用于模拟太阳光。用户可以调整光的颜色、角度和位置的参数。

目标平行光和自由平行光没有太大的区别，当需要光线沿路径移动时，应该使用目标平行光；当光源位置不固定时，应该使用自由平行光。两种灯光的形态如图 8-15 所示。

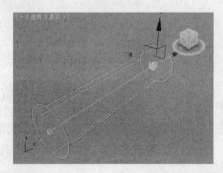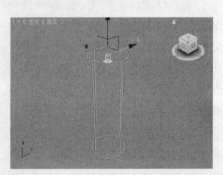

图 8-15

4．泛光灯

泛光灯是一种点光源，向各个方向发射光线，能照亮所有面向它的对象，如图 8-16 所示。通常，泛光灯用于模拟点光源或者作为辅助光在场景中添加充足的光照效果。

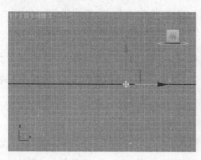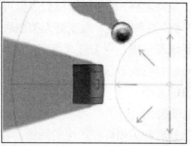

图 8-16

5．天光

天光能够创建出一种全局光照效果，配合光能传递渲染功能，可以创建出非常自然、柔和的渲染效果。天光没有明确的方向，就好像一个覆盖整个场景的、很大的半球发出的光，能从各个角度照射场景中的物体，如图 8-17 所示。

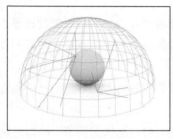

图 8-17

8.1.3　标准灯光的参数

标准灯光的参数大部分都是相同或相似的，只有天光具有自身的修改参数，但比较简单。下面就以目标聚光灯的参数为例，介绍标准灯光的参数。

在创建命令面板中单击" ❋ > ❨ > 目标聚光灯 "按钮，在视图中创建一盏目标聚光灯，单击"修改"按钮 ❨，修改命令面板中会显示出目标聚光灯的修改参数，如图 8-18 所示。

图 8-18

1．常规参数卷展栏

该卷展栏是所有类型的灯光共有的，用于设定灯光的开启和关闭、灯光的阴影、包含或排除对象以及灯光阴影的类型等，如图 8-19 所示。

图 8-19

⊙ 灯光类型选项组。

启用：选定该复选框，灯光被打开，未选定时，灯光被关闭。被关闭的灯光的图标在场景中用黑颜色表示。

灯光类型下拉列表框：使用该下拉列表框可以改变当前选择灯光的类型，包括"聚光灯"、"平行光"和"泛光灯" 3 种类型。改变灯光类型后，灯光所特有的参数也将随之改变。

目标：选定该复选框，则为灯光设定目标。灯光及其目标之间的距离显示在复选框的右侧。对于自由光，可以自行设定该值，而对于目标光，则可通过移动灯光、灯光的目标物体或关闭该复选框来改变值的大小。

⊙ 阴影选项组。

启用：用于开启和关闭灯光产生的阴影。在渲染时，可以决定是否对阴影进行渲染。

使用全局设置：该复选框用于指定阴影是使用局部参数还是全局参数。开启该复选框，则其他有关阴影的设置的值将采用场景中默认的全局统一的参数设置，如果修改了其中一个使用该设置的灯光，则场景中所有使用该设置的灯光都会相应地改变。

阴影类型下拉列表框：在 3ds Max 2012 中产生的阴影有高级光线跟踪、mental ray 阴影贴图、区域阴影、阴影贴图和光线跟踪阴影 5 种类型，如图 8-20 所示。

图 8-20

阴影贴图：产生一个假的阴影，它从灯光的角度计算产生阴影对象的投影，然后将它投影到后面的对象上。优点是：渲染速度较快，阴影的边界较柔和。缺点是：阴影不真实，不能反映透明效果，如图 8-21 所示。

光线跟踪阴影：可以产生真实的阴影。它在计算阴影时考虑对象的材质和物理属性，缺点是计算量较大。效果如图 8-22 所示。

以上介绍的参数基本上都是建模中比较常用的。灯光亮度的调节、阴影的设置、灯光物体摆放的位置等设置技巧需要多加练习，才能熟练掌握。

高级光线跟踪：是光线跟踪阴影的改进，拥有更多详细的参数调节。

mental ray 阴影贴图：是由 mental ray 渲染器生成的位图阴影，这种阴影没有高级光线跟踪阴影精确，但计算时间较短。

区域阴影：可以模拟面积光或体积光所产生的阴影，是模拟真实光照效果的必备功能。

排除… ：该按钮用于设置灯光是否照射某个对象，或者是否使某个对象产生阴影。单击该按钮，会弹出"排除/包含"对话框，如图 8-23 所示。

图 8-21

图 8-22

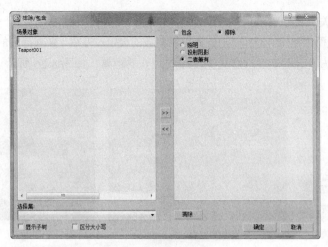

图 8-23

在"排除/包含"对话框左边窗口中选择要排除的物体后，单击 >> 按钮即可，如果要撤销对物体的排除，则在右边的窗口中选择物体，单击 << 按钮即可。

2．强度/颜色/衰减卷展栏

该卷展栏用于设定灯光的强弱、灯光的颜色以及灯光的衰减参数，参数面板如图 8-24 所示。

倍增：类似于灯的调光器。倍增器的值小于"1"时减小光的亮度，大于"1"时增加光的亮度。当倍增器为负值时，可以从场景中减去亮度。

颜色选择器：位于倍增器的右侧，可以从中设定光的颜色。

⊙　衰退选项组用于设置灯光的衰减方法。

类型：用于设置灯光的衰减类型，共包括 3 种衰减类型：无、倒数和平方

图 8-24

反比。默认为无，不会产生衰减。倒数类型使光从光源处开始线性衰减，距离越远，光的强度越弱。平方反比类型按照离光源距离的平方比倒数进行衰减，这种类型最接近真实世界的光照特性。

开始：用于设置距离光源多远开始进行衰减。

显示：在视图中显示衰减开始的位置，它在光锥中用绿色圆弧来表示。

⊙　近距衰减选项组用于设定灯光亮度开始减弱的距离，如图 8-25 所示。

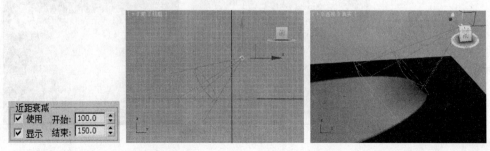

图 8-25

开始和结束：开始设定灯光从亮度为 0 开始逐渐显示的位置，在光源到开始之间，灯光的亮度为 0。从开始到结束，灯光亮度逐渐增强到灯光设定的亮度。在结束以外，灯光保持设定的亮度和颜色。

229

使用：开启或关闭衰减效果。

显示：在场景视图中显示衰减范围。灯光以及参数的设定改变后，衰减范围的形状也会随之改变。

⊙ 远距衰减选项组用于设定灯光亮度减弱为0的距离，如图8-26所示。

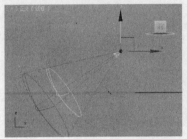

图 8-26

开始和结束：开始设定灯光开始从亮度为初始设定值逐渐减弱的位置，在光源到开始之间，灯光的亮度设定为初始亮度和颜色。从开始到结束，灯光亮度逐渐减弱到0。在结束以外，灯光亮度为0。

3. 聚光灯参数卷展栏

该卷展栏用于控制聚光灯的"聚光区/光束"和"衰减区/区域"等，是聚光灯特有的参数卷展栏，如图8-27所示。

⊙ 光锥选项组用于对聚光灯照明的锥形区域进行设定。

显示光锥：该复选框用于控制是否显示灯光的范围框。选择该复选框后，即使聚光灯未被选择，也会显示灯光的范围框。

泛光化：选择该复选框后，聚光灯能作为泛光灯使用，但阴影和阴影贴图仍然被限制在聚光灯范围内。

图 8-27

聚光区/光束：调整灯光聚光区光锥的角度大小。它是以角度为测量单位的，默认值是43°，光锥以亮蓝色的锥线显示。

衰减区/区域：调整灯光散光区光锥的角度大小，默认值是45°。

聚光区/光束和衰减区/区域两个参数可以理解为调节灯光的内外衰减，如图8-28所示。

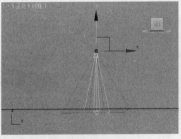

图 8-28

圆和矩形单选项：决定聚光区和散光区是圆形还是方形。默认为圆形，当用户要模拟光从窗户中照射进来时，可以设置为方形的照射区域。

纵横比数值框和 位图拟合：当设定为矩形照射区域时，使用纵横比来调整方形照射区域的长宽比，或者使用 位图拟合 按钮为照射区域指定一个位图，使灯光的照射区域同位图的长宽比相匹配。

4．高级效果卷展栏

该卷展栏用于控制灯光影响表面区域的方式，并提供了对投影灯光的调整和设置，如图 8-29 所示。

◎　影响曲面选项组用于设置灯光在场景中的工作方式。

对比度：该参数用于调整最亮区域和最暗区域的对比度，取值范围为 0~100。默认值为 0，是正常的对比度。

柔化漫反射边：取值范围为 0~100。数值越小，边界越柔和。默认值为 50。

漫反射：该复选框用于控制打开或者关闭灯光的漫反射效果。

高光反射：该复选框用于控制打开或者关闭灯光的高光部分。

仅环境光：该复选框用于控制打开或者关闭对象表面的环境光部分。当选中复选框时，灯光照明只对环境光产生效果，而漫反射、高光反射、对比度和柔滑漫反射边选项将不能使用。

◎　投影贴图选项组。

该选项组能够将图像投射在物体表面，可以用于模拟投影仪和放映机等效果，如图 8-30 所示。

图 8-29　　　　　　　　　　　　图 8-30

贴图：开启或关闭所选图像的投影。

　　无　　：单击该按钮，将弹出"材质/贴图浏览器"窗口，用于指定进行投影的贴图。

5．阴影参数卷展栏

该卷展栏用于选择阴影方式，设置阴影的效果，如图 8-31 所示。

◎　对象阴影选项组用于调整阴影的颜色和密度以及增加阴影贴图等，是阴影参数卷展栏中主要的参数选项组。

颜色：阴影颜色，用于设定阴影的颜色，默认为黑色。

密度：通过调整投射阴影的百分比来调整阴影的密度，从而使它变黑或者变亮。取值范围为 −1.0~1.0，当该值等于 0 时，不产生阴影；当该值等于 1 时，产生最深颜色的阴影。负值产生阴影的颜色与设置的阴影颜色相反。

贴图：可以将物体产生的阴影变成所选择的图像，如图 8-32 所示。

　　　　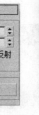

图 8-31　　　　　　　　　　　　图 8-32

灯光影响阴影颜色：选中该复选框，灯光的颜色将会影响阴影的颜色，阴影的颜色为灯光的颜色与阴影的颜色相混合后的颜色。

⊙　大气阴影选项组用于控制大气效果是否产生阴影。一般地，大气效果是不产生阴影的。

启用：开启或关闭大气阴影。

不透明度：调整大气阴影的透明度。当该参数为 0 时，大气效果没有阴影；当该参数为 100 时，产生完全的阴影。

颜色量：调整大气阴影颜色和阴影颜色的混合度。当采用大气阴影时，在某些区域产生的阴影是由阴影本身颜色与大气阴影颜色混合生成的。当该参数为 100 时，阴影的颜色完全饱和。

6．阴影贴图参数卷展栏

选择"阴影贴图"阴影类型后，将出现阴影贴图参数卷展栏，如图 8-33 所示。这些参数用于控制灯光投射阴影的质量。

偏移：该数值框用于调整物体与产生的阴影图像之间的距离。数值越大，阴影与物体之间的距离就越大。将偏移值设置为"20"后的效果如图 8-34 所示。看上去好像是物体悬浮在空中，实际上是影子与物体之间有距离。

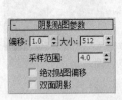

图 8-33　　　　　　　　　　　图 8-34

大小：用于控制阴影贴图的大小，值越大，阴影的质量越高，但也会占用更多内存。

采样范围：用于控制阴影的模糊程度。数值越小，阴影越清晰；数值越大，阴影越柔和；取样范围为 0~20，推荐使用 2~5，默认值是 4。

绝对贴图偏移：选中该复选框时，为场景中的所有对象设置偏移范围。未选中该复选框时，只在场景中相对于对象偏移。

双面阴影：选中该复选框时，在计算阴影时同时考虑背面阴影，此时对象内部并不被外部灯光照亮。未选中该复选框时，将忽略背面阴影，外部灯光也可照亮对象内部。

8.1.4　课堂案例——全局光照明效果

【案例学习目标】掌握天光的特性。

【案例知识要点】通过在场景中设置天光、目标聚光灯来完成全局光照明效果的制作，如图 8-35 所示。

【效果图文件所在位置】光盘/CH08/效果/红酒蜡烛 ok.max。

（1）选择"文件 > 打开"命令，打开光盘目录中的"Scene > Ch08 > 红酒蜡烛 ok.max"文件，如图 8-36 所示。

图 8-35

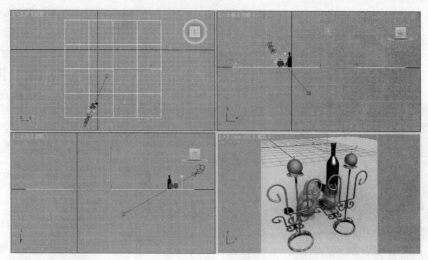

图 8-36

（2）单击"☀ > ◁ > 目标聚光灯 "按钮，在前视图中创建目标聚光灯，并在场景中调整灯光的照射角度和位置，设置灯光的参数，如图 8-37 所示。

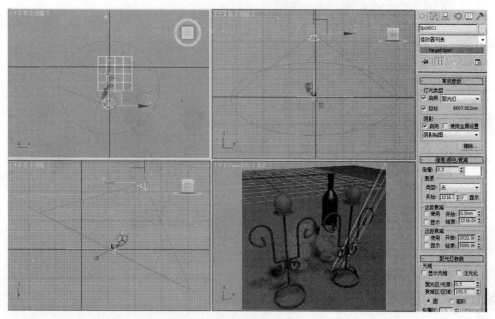

图 8-37

（3）渲染场景得到的效果如图 8-38 所示。

（4）单击"☀ > ◁ > 天光 "按钮，在顶视图中创建天光，设置天光的参数，天光的位置不影响效果，如图 8-39 所示。

（5）在工具栏中单击渲染设置按钮 ，在弹出的对话框中选择"高级照明"选项卡，并选择高级照明为"光跟踪器"，如图 8-40 所示。

（6）渲染场景得到的效果如图 8-41 所示。

图 8-38

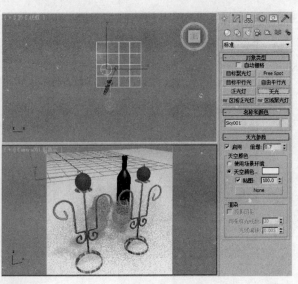

图 8-39

图 8-40

图 8-41

8.1.5　天光的特效

天光在标准灯光中是比较特殊的一种灯光，主要用于模拟自然光线，能表现全局光照的效果。在真实世界中，由于空气中的灰尘等介质，即使阳光照不到的地方也不会觉得暗，也能够看到物体。但在 3ds Max 2012 中，光线就好像在真空中一样，光照不到的地方是黑暗的，所以，在创建灯光时，一定要让光照射在物体上。

天光可以不考虑位置和角度，在视图中的任意位置创建，都会有自然光的效果。下面先来介绍天光的参数。

单击"　＊　＞　　　＞　　天光　　"按钮，在任意视图中单击鼠标左键，即可创建一盏天光。参数面板中会显示出天光的参数，如图 8-42 所示。

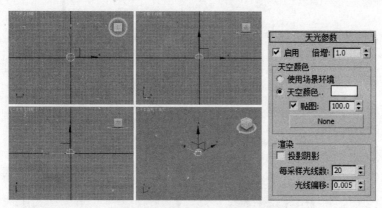

图 8-42

启用：用于打开或关闭天光。选中该复选框，将在阴影和渲染计算的过程中利用天光来照亮场景。

倍增：通过指定一个正值或负值来放大或缩小灯光的强度。

1. 天空颜色选项组

使用场景环境：选中该选项，将利用"环境和效果"对话框中的环境设置来设定灯光的颜色。只有当光线跟踪处于激活状态时，该设置才有效。

天空颜色：选中该选项，可通过单击颜色样本框显示"颜色选择器"对话框，并从中选择天光的颜色。一般使用天光，保持默认的颜色即可。

贴图：可利用贴图来影响天光的颜色，复选框用于控制是否激活贴图，右侧的微调器用于设置使用贴图的百分比，小于 100% 时，贴图颜色将与天空颜色混合，None 按钮用于指定一个贴图。只有当光线跟踪处于激活状态时，贴图才有效。

2. 渲染选项组

投影阴影：选中复选框时，天光可以投射阴影，默认是关闭的。

每采样光线数：设置用于计算照射到场景中给定点上的天光的光线数量，默认值为"20"。

光线偏移：设置对象可以在场景中给定点上投射阴影的最小距离。

使用天光一定要注意：天光必须配合高级灯光使用才能起作用，否则，即使创建了天光，也不会有自然光的效果。下面先来介绍如何使用天光表现全局光照效果。操作步骤如下。

（1）单击"　　>　　>　茶壶　"按钮，在透视图中创建一个茶壶。单击"　　>　　>　天光　"按钮，在视图中创建一盏天光。单击工具栏中的"渲染产品"按钮　，渲染效果如图 8-43 所示。可以看出，渲染后的效果并不是真正的天光效果。

（2）单击工具栏中的"渲染设置"按钮　，弹出"渲染设置：默认扫描线渲染器"窗口，如图 8-44 所示。

（3）单击"高级照明"选项卡，进入高级灯光控制面板，在下拉列表框中选择"光跟踪器"渲染器，如图 8-45 所示。

（4）关闭"渲染设置：默认扫描线渲染器"参数控制面板，单击"渲染产品"按钮　，对视图中的茶壶再次进行渲染，天光效果如图 8-46 所示。

图 8-43　　　　　　　　　　图 8-44

图 8-45

图 8-46

8.1.6 课堂案例——体积光效果

【案例学习目标】了解灯光特效的基本知识。

【案例知识要点】通过在场景中设置目标聚光灯和泛光灯来完成效果的制作,如图 8-47 所示。

【效果图文件所在位置】光盘/CH08/效果/体积光 ok.max。

（1）选择"文件 > 打开"命令,打开光盘目录中的"Scene > Ch08 > 体积光 ok.max"文件,如图 8-48 所示。

（2）渲染打开的场景效果如图 8-49 所示。

图 8-47

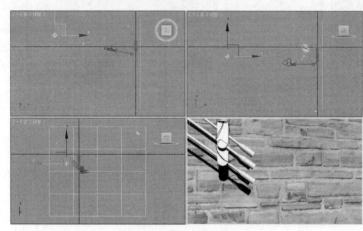

图 8-48

图 8-49

（3）单击" * > ◆ > 目标聚光灯 "按钮,在左视图中创建目标聚光灯,设置灯光的位置和参数,并对灯光进行复制,如图 8-50 所示。

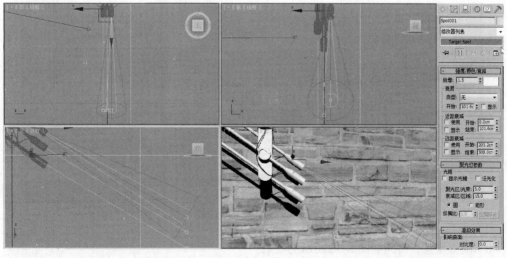

图 8-50

（4）这时渲染场景如图 8-51 所示。由于设置的灯光参数没有任何的照明效果,所以看到的效果图没有任何变化。

（5）确定输入法状态为英文输出法，按8键，打开环境和效果面板，在"大气"卷展栏中单击"添加"按钮，在弹出的对话框中选择"体积光"，单击"确定"按钮，如图8-52所示。

图8-51   图8-52

（6）在"体积光参数"卷展栏中单击"拾取灯光"按钮，在场景中拾取其中一个目标聚光灯，并设置体积光参数，如图8-53所示。

（7）使用同样的方法添加体积光，并设置体积光参数，如图8-54和图8-55所示。

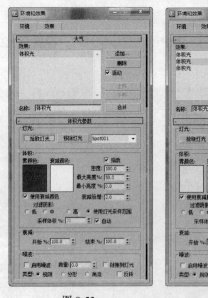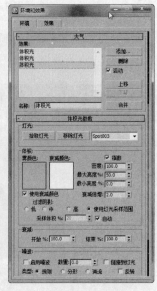

图8-53   图8-54   图8-55

（8）渲染场景，得到如图8-56所示的效果。

（9）可以随时更改雾颜色，改变体积光的颜色，如图8-57所示。

图 8-56　　　　　　　　　　　　　图 8-57

8.1.7　灯光的特效

在标准灯光的参数中的"大气和效果"卷展栏用于制作灯光特效，如图 8-58 所示。

添加：用于添加特效。单击该按钮后，会弹出"添加大气或效果"对话框，可以从中选择"体积光"和"镜头效果"，如图 8-59 所示。

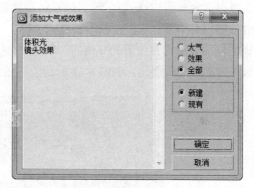

图 8-58　　　　　　　　　　　　　图 8-59

删除：删除列表框中所选定的大气效果。

设置：用于对列表框中选定的大气或环境效果进行参数设定。

8.2　摄像机的使用及特效

摄像机是制作三维场景不可缺少的重要工具，就像场景中不能没有灯光一样。3ds Max 2012 中的摄像机与现实生活中使用的摄像机十分相似。可以自由调整摄像机的视角和位置，还可以利用摄像机的移动制作浏览动画。系统还提供了景深和运动模糊等特殊效果的制作。

8.2.1　摄像机的创建

3ds Max 2012 中提供了两种摄像机，即目标摄像机和自由摄像机。与前面章节中介绍的灯光相似，下面对这两种摄像机进行介绍。

1．目标摄像机

目标摄像机可以将目标点链接到运动的物体上，用于表现目光跟随的效果。目标摄像机适用于拍摄下面几种画面：静止画面、漫游画面、追踪跟随画面或从空中拍摄的画面。

目标摄像机的创建方法与目标聚光灯相同，单击"━╋━ ＞ 😊 ＞ ▌▌▌目标▌▌▌"按钮，在视图中按住鼠标左键不放并拖曳光标，在合适的位置松开鼠标左键即完成创建，如图 8-60 所示。

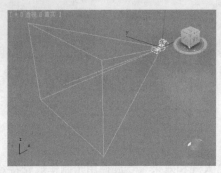

图 8-60

2．自由摄像机

自由摄像机可以绑定在运动目标上，随目标在运动轨迹上一起运动，还可以进行跟随和倾斜。自由摄像机适合处理游走拍摄、基于路径的动画。

自由摄像机的创建方法与自由聚光灯相同，单击"━╋━ ＞ 😊 ＞ ▌▌▌自由▌▌▌"按钮，直接在视图中单击鼠标左键即可完成创建，如图 8-61 所示，在创建时应该选择合适的视图。

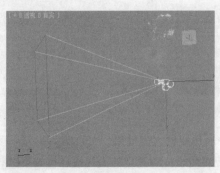

图 8-61

3．视图控制工具

创建摄像机后，在任意一个视图中按 C 键，即可将该视图转换为摄像机视图，此时视图控制区的视图控制工具也会转换为摄像机视图控制工具，如图 8-62 所示。这些视图控制工具是专用于摄像机视图的，如果激活其他视图，控制工具就会转换为标准工具。

图 8-62

<0xE2><0x99><0xA6>推拉摄像机：沿着摄像机的视线移动摄像机。摄像机的视线是摄像机和它的目标点之间的连线。移动摄像机时，它的镜头长度保持不变。

<0xE2><0x99><0xA6>推拉目标：沿视线移动摄像机的目标点，镜头参数和场景构成不变。当使用目标摄像机时，可激活该按钮。

推拉摄像机+目标点：沿着视线移动摄像机和目标点。

透视：移动摄像机使其靠近目标点，同时改变摄像机的透视效果，从而导致镜头长度的变化。

侧滚摄像机：使摄像机绕着它的视线旋转。

视野：拉近或推远摄像机视图，摄像机的位置不发生改变。

环游摄像机：绕摄像机的目标点旋转摄像机。

摇移摄像机：使摄像机的目标点绕摄像机旋转。

8.2.2　摄像机的参数

目标摄像机和自由摄像机的参数相同，摄像机创建后就被指定了默认的参数，但是在实际工作中经常需要改变这些参数。摄像机的参数面板如图 8-63 所示。

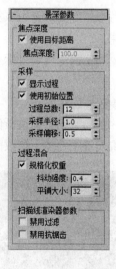

图 8-63

1．参数卷展栏

镜头：设置摄像机的焦距长度，48mm 为标准人眼的焦距，近焦造成鱼眼镜头的夸张效果，长焦用于观测较远的景色，以保证物体不变形。

↔和视野：设定摄像机的视野角度。系统的默认值为 45°，是摄像机视锥的水平角，接近人眼的聚焦角度。↔按钮中还有另外的隐藏按钮：↕垂直和↗对角，用于控制视野角度值的显示方式。

正交投影：选中该复选框后，摄像机会以正面投影的角度面对物体进行拍摄。

⊙　备用镜头选项组提供了 9 种常用镜头供快速选择，只要单击它们，就可以选择要使用的镜头。

类型 目标摄影机 ▼：可以自由转换摄像机的类型，将目标摄像机转换成自由摄像机，也可以将自由摄像机转换成目标摄像机。

显示圆锥体：选中该复选框，即使取消了这个摄像机的选定，在视图中也能够显示摄像机视野的锥形区域。

显示地平线：选中该复选框，在摄像机视图中会显示一条黑色的线来表示地平线，它只在摄像机视图中显示。

⊙ 剪切平面选项组。剪切平面是平行于摄像机镜头的矩形平面，以红色带交叉的矩形表示。它用于设置 3ds Max 2012 中渲染对象的范围，在范围外的对象不会被渲染。

手动剪切：选中该复选框，将使用下面的数值控制水平面的剪切。未选中该复选框，距离摄像机 3 个单位内的对象将不被渲染和显示。

近/远距剪切：分别用于设置近距离剪切平面和远距离剪切平面到摄像机的距离。

⊙ 多过程效果选项组参数可以对同一帧进行多次渲染。这样可以准确地渲染景深和运动模糊效果。

启用：选中该复选框，将激活多过程渲染效果和 预览 按钮。

预览 按钮：将在摄像机视图中预览多过程效果。

景深效果下拉列表框：有景深（mental ray/iray）、景深和运动模糊 3 种选择，默认使用景深效果。

渲染每过程效果：如果选中该复选框，则每边都渲染如辉光等特殊效果。该选项适用于景深和运动模糊效果。

目标距离：指定摄像机到目标点的距离。可以通过改变这个距离，使目标点靠近或者远离摄像机。

2．景深参数卷展栏

该卷展栏中的参数用于调整摄像机镜头的景深效果。景深是摄像机中一个非常有用的工具，可以在渲染时突出某个物体。参数面板如图 8-64 所示。

图 8-64

⊙ 采样选项组用于设置图像的最后质量。

显示过程：选中该复选框，渲染时在渲染帧窗口中将显示景深的每一次渲染，这样就能够动态地观察景深的渲染情况。

使用初始位置：选中该复选框，多次渲染中的第一次渲染将从摄像机的当前位置开始。

过程总数：设置多次渲染的总次数。数值越大，渲染次数越多，渲染时间就越长，最后得到的图像质量就越高，默认值为 12。

采样半径：设置摄像机从原始半径移动的距离。每次渲染时稍微移动一点摄像机，就可以获得景深的效果。数值越大，摄像机移动的越多，创建的景深就越明显。

采样偏移：决定如何在每次渲染中移动摄像机。该数值越小，摄像机偏离原始点就越少；该数值越大，摄像机偏离原始点就越多。默认值为 0.5。

◉　过程混合选项组。当渲染多次摄像机效果时，渲染器将轻微抖动每次的渲染结果，以便混合每次的渲染。

规格化权重：选中该复选框，每次混合都使用规格化的权重，景深效果比较平滑。

抖动强度：抖动是通过混合不同颜色和像素来模拟颜色或者混合图像的方法。

平铺大小：设置在每次渲染中抖动图案的大小，它是一个百分比值，默认值为 32。

◉　扫描线渲染器参数选项组的参数可以取消多次渲染的过滤和反走样，从而加快渲染的时间。

禁用过滤：选中该复选框，将取消多次渲染时的过滤。

禁用抗锯齿：选中该复选框，将取消多次渲染时的反走样。

8.2.3　景深特效

摄像机不但可用于设置观察物体的视角，还可以产生景深特效。景深特效是运用多通道渲染效果产生的。

多通道渲染效果是指多次渲染相同的帧，每次渲染都有很小的差别，将每次渲染的效果合成一幅图，就形成了景深的效果。下面通过一个简单的例子介绍景深效果的制作，操作步骤如下。

（1）单击"　＊　＞　○　＞　平面　"按钮，在顶视图中创建一个平面，单击　茶壶　按钮，在顶视图中创建一个茶壶。使用"移动"工具　对茶壶进行复制，如图 8-65 所示。

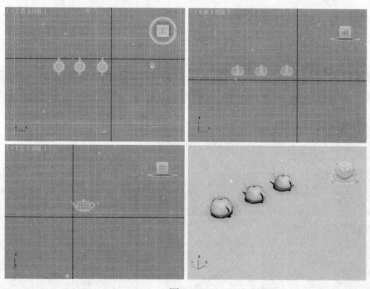

图 8-65

（2）单击"　＊　＞　＞　目标　"按钮，在顶视图中按住鼠标左键不放并拖曳光标，创建一个目标摄像机。使用"移动"工具　调整摄像机的位置和视角，并将目标点移动到第一个茶壶上，如图 8-66 所示。激活透视图，按 C 键，切换为摄像机视图，单击"渲染产品"按钮　，对视图进行渲染，如图 8-67 所示。渲染后的茶壶全部是清晰的。

（3）在摄像机参数面板的"参数"卷展栏中选择"多过程效果"选项组中的"启用"复选框，如图 8-68 所示。单击"渲染产品"按钮　，对摄像机视图进行渲染，渲染画面会由暗变亮，渲染效果如图 8-69 所示。后面的茶壶变得模糊了，而前面的茶壶很清晰，这只因为摄像机的目标点在前面的茶壶上。

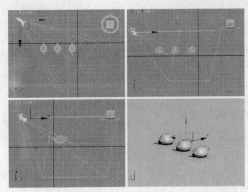

图 8-66

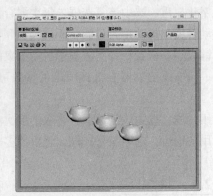

图 8-67

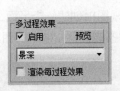

图 8-68

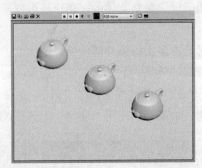

图 8-69

（4）单击摄像机的目标点将其选中，使用"移动"工具 将其移到最后一个茶壶上，单击"渲染产品"按钮 ，对摄像机视图进行渲染，效果如图 8-70 所示，前面的茶壶变得模糊了。

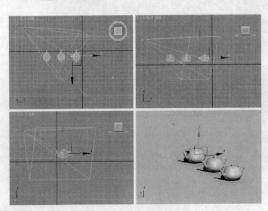

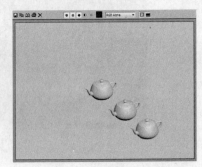

图 8-70

（5）如果觉得景深效果不够明显，可以将"景深参数"卷展栏中的"采样半径"的数值变大。单击"参数"卷展栏中的 预览 按钮，摄像机视图会发生抖动并产生景深效果。单击"渲染产品"按钮 ，对摄像机视图进行渲染，效果如图 8-71 所示。

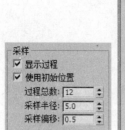
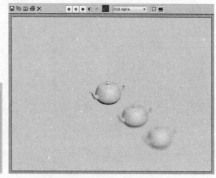

图 8-71

8.3　课堂练习——室内日景灯光的创建

【练习知识要点】通过对目标聚光灯的灵活应用完成效果，如图 8-72 所示。

【效果图文件所在位置】光盘/ CH08/效果/室内日景灯光.max。

图 8-72

8.4　课后习题——室内一角的灯光效果

【习题知识要点】通过对目标聚光灯的灵活应用完成效果，如图 8-73 所示。

【效果图文件所在位置】光盘/ CH08/效果/室内一角 ok.max。

图 8-73

第 9 章

渲染与特效

渲染是 3ds Max 2012 建模的一个重要组成部分。本章将对渲染工具和渲染参数的设置进行详细介绍，并通过实例对渲染特效进行细致的讲解。通过本章的学习，希望读者可以融会贯通，掌握对场景及模型进行渲染的方法和技巧，能制作出具有想象力的图像效果。

课堂学习目标

- 渲染输出
- 渲染参数设定
- 渲染特效和环境特效
- 渲染的相关知识

9.1 渲染输出

渲染场景可以将物体的形态、受光效果、材质的质感以及环境特效完美地表现出来。所以，在渲染前进行渲染输出的参数设置是必要的。

在工具栏中单击"快速渲染（产品级）按钮 ，即可对当前的场景进行渲染，这是 3ds Max 2012 提供的一种产品级快速渲染工具，按住该按钮不放，还可以选择另一种渲染类型 快速渲染帧窗口工具。下面分别对这两种渲染工具进行介绍。

快速渲染（产品级）工具：是最常用的一种渲染类型，提供产品级的渲染质量。执行该渲染命令时不需要对渲染参数进行设置，而是根据前一次的渲染设置进行渲染。

快速渲染帧窗口工具：该渲染工具能与渲染参数的设置实时显示，但提供的渲染质量较低。

这两种渲染工具都用来渲染静态图像。可以通过渲染参数对渲染视图进行设置。

9.2 渲染参数设定

在工具栏中单击"渲染设置"按钮 ，会弹出渲染参数控制面板，如图 9-1 所示。

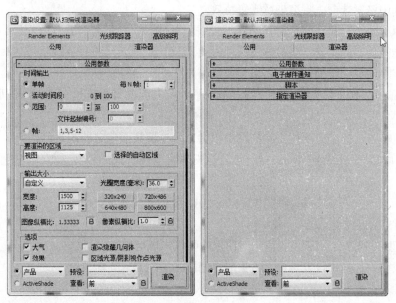

图 9-1

1．公用参数卷展栏

该卷展栏中的参数是所有渲染器共有的参数，如图 9-2 所示。

⊙ 时间输出选项组用于设置渲染的时间。

单帧：渲染当前帧。

活动时间段：渲染轨迹栏中指定的帧范围。

范围：指定渲染的起始和结束帧。

帧：指定渲染一些不连续的帧，帧与帧之间用逗号隔开。

每 N 帧：使渲染器按设定的间隔渲染帧。

⊙　输出大小选项组用于控制最后渲染图像的大小和比例。该选项组中的参数是渲染输出时比较常用的参数。

可以在下拉列表框中直接选取预先设置的工业标准，也可以直接指定图像的宽度和高度，这些设置将影响渲染图像的纵横比。

宽度和高度：用于定制渲染图像的高度和宽度，单位是像素。如果锁定了"图像纵横比"选项，那么其中一个数值改变将影响另外一个数值。

预设的分辨率按钮：单击其中任何一个按钮，将把渲染图像的尺寸改变成按钮指定的大小。

图像纵横比：这个设置决定渲染图像的长宽比。可以通过设置图像的高度和宽度自动决定长宽比，也可以通过设置图像的长宽比和高度或者宽度中的一个数值自动决定另外一个数值，还可以锁定图像的长宽比。长宽比不同，得到的图像也不同。

像素纵横比：该项设置决定图像像素本身的长宽比。如果锁定了"像素纵横比"选项，那么将不能够改变该数值。

⊙　选项选项组包含 9 个复选框，用来激活或者不激活不同的渲染选项。

大气：用于控制是否渲染雾和体积光等大气效果。

渲染隐藏几何体：选中该复选框，将渲染场景中隐藏的对象。

效果：选中该复选框，将渲染辉光等特效。

区域光源/阴影视作点光源：将所有区域光或阴影都当做发光点来渲染，这样可以加速渲染过程。设置了光能传递的场景不会被这一选项影响。

置换：该复选框用于控制是否渲染置换贴图。

强制双面：选中该复选框，将强制渲染场景中所有面的背面。这对法线有问题的模型非常有用。

视频颜色检查：这个选项用来扫描渲染图像，寻找视频颜色之外的颜色。

超级黑：如果要合成渲染的图像，该复选框非常有用。选中该复选框，将使背景图像变成纯黑色。

渲染为场：选中该复选框，将使 3ds Max 2012 渲染到视频场，而不是视频帧。在为视频渲染图像时，经常需要这个选项。

⊙　高级照明选项组用于设置渲染时使用的高级光照属性。

使用高级照明：选中该复选框，渲染时将使用光追踪器或光能传递。

需要时计算高级照明：选中该复选框，3ds Max 2012 将根据需要计算光能传递。

⊙　渲染输出选项组用于设置渲染输出文件的位置。

保存文件和 文件… ：选中"保存文件"复选框，渲染的图像就被保存在硬盘上。 文件… 按钮用来指定保存文件的位置。

使用设备：只有当选择了支持的视频设备时，该复选框才可用。使用该选项可以直接渲染到视频设备上，而不生成静态图像。

渲染帧窗口：这个选项在渲染帧窗口中显示渲染的图像。

网络渲染：当开始使用网络渲染后，就出现"网络渲染配置"对话框，这样就可以同时在多台机器上渲染动画了。

跳过现有图像：这将使 3ds Max 2012 不渲染保存文件中已经存在的帧。

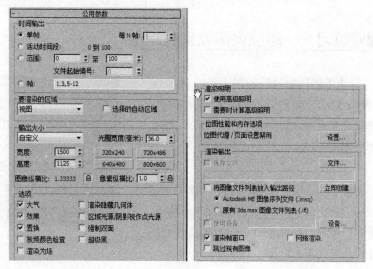

图 9-2

2. 指定渲染器卷展栏

该卷展栏中显示了产品级和 ActiveShade 级渲染引擎以及材质编辑器样本球当前使用的渲染器，如图 9-3 所示。单击 按钮，在弹出的"选择渲染器"窗口中可以改变当前的渲染器设置。有 3 种渲染器可以使用：mental ray 渲染器、V-Ray adv 2.10.01 和 VUE 文件渲染器，如图 9-4 所示，一般情况下都采用默认扫描线渲染器。

图 9-3

图 9-4

9.3 渲染特效和环境特效

3ds Max 2012 提供的渲染特效是在渲染中为场景添加最终产品级的特殊效果，第 8 章中介绍的景深特效就属于渲染特效。此外，还有模糊、运动模糊和镜头等特效。

环境特效与渲染特效相似，在第 8 章中介绍的体积光效果就属于环境特效，如设置背景图、大气效果、雾效、烟雾和火焰等都属于环境效果。

9.3.1 课堂练习——蜡烛火苗效果的制作

【案例学习目标】了解环境特效的制作方法。

【案例知识要点】通过大气效果中的火焰特效和泛光灯的配合使用来完成效果的制作，如图 9-5 所示。

【效果图文件所在位置】光盘/CH09/效果/蜡烛 ok.max。

（1）选择"文件 > 打开"命令，打开光盘目录中的"Scene > Ch09 > 蜡烛 ok.max"文件，如图 9-6 所示。

（2）渲染场景，得到如图 9-7 所示的效果，在此场景的基础上为蜡烛设置火苗的效果。

图 9-5

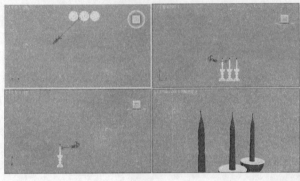

图 9-6

图 9-7

（3）单击"* > ▣"按钮，选择下拉列表框中的"大气装置"选项，从中选择"球体 Gizmo"按钮，在场景中拖动创建球体 Gizmo，缩放并调整球体 Gizmo 的位置，切换到修改 ▨命令面板，从中设置球体 Gizmo 的参数，如图 9-8 所示。在前视图中移动复制球体 Gizmo，如图 9-9 所示。

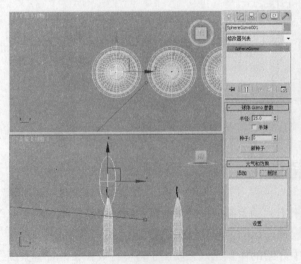

图 9-8

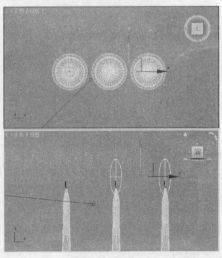

图 9-9

（4）按 8 键，打开环境和效果面板，在"大气"卷展栏中单击"添加"按钮，在弹出的对话框中选择"火效果"，单击"确定"按钮，如图 9-10 所示。

（5）在"火效果参数"卷展栏中单击"拾取 Gizmo"按钮，在场景中拾取球体 Gizmo，并设置颜色，设置火效果的参数，如图 9-11 所示。

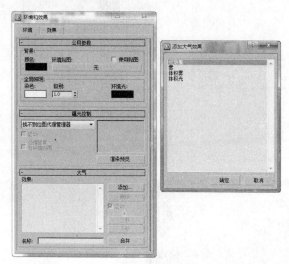

图 9-10

图 9-11

（6）渲染当前场景，得到如图 9-12 所示的效果。下面为该火苗创建灯光。

（7）在火苗的位置创建泛光灯，设置灯光的参数，缩放灯光，调整灯光的位置，并对灯光进行复制，如图 9-13 所示。

图 9-12

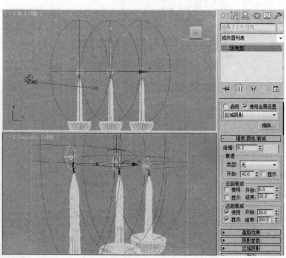

图 9-13

（8）打开"环境和效果"面板，在"大气"卷展栏中单击"添加"按钮，在弹出的对话框中选择"体积光"，单击"确定"按钮，如图 9-14 所示。

（9）在"体积光参数"卷展栏中单击"拾取灯光"按钮，在场景中分别拾取火苗位置处的泛光灯，并设置灯光的体积光参数，如图 9-15 所示。这时渲染场景得到的最终效果如图 9-16 所示。

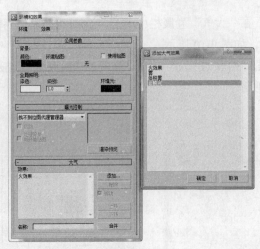

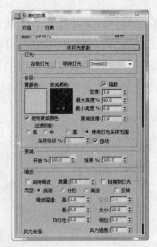

图 9-14　　　　　　　　　　　　　　图 9-15

图 9-16

9.3.2　环境特效

由于真实性和一些特殊效果的制作要求，有些三维作品通常需要添加环境设置。选择"渲染 > 环境"命令，弹出"环境和效果"对话框，如图 9-17 所示。"环境设置"对话框的功能十分强大，能够创建各种增加场景真实感的气氛，如在场景中增加标准雾、体雾和体积光等效果，如图 9-18 所示。

图 9-17

图 9-18

1．设置背景颜色

背景选项组可以为场景设置背景颜色，还可以将图像文件作为背景设置在场景中。背景选项组中的参数很简单，如图 9-19 所示。

图 9-19

颜色：用来设置场景的背景颜色，可以对背景颜色设置动画。

环境贴图：用来设置一个环境贴图。单击"None"按钮即可弹出"材质/贴图浏览器"对话框，从中选择一种贴图作为场景环境的背景。

3ds Max 2012 默认的背景颜色为黑色，单击"颜色"样本框，弹出一个标准的颜色设置窗口，如图 9-20 所示，可以从中选择合适的背景颜色，如图 9-21 所示。

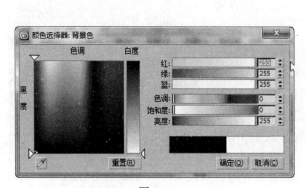

图 9-20

图 9-21

2．设置环境特效

大气卷展栏用于选择和设置环境特效的种类和参数，如图 9-22 所示。

效果：显示增加的大气效果名称。当增加了一个大气效果后，在卷展栏中会出现相应的参数卷展栏。

名称：用来对选中的大气效果重新命名，可以为场景增加多个同类型的效果。

添加...：用来为场景增加一个大气效果。

删除：删除列表中选中的大气效果。

活动：当未选中该复选框时，列表中选中的大气效果将暂时失效。

上移、下移：用来改变列表框中大气效果的顺序。当渲染时，系统按照列表中大气效果的顺序进行计算，大气效果将按照它们在列表中的先后顺序被使用，下面的效果将叠加在上面的效果上。

合并：用来把其他 3ds Max 2012 文件场景中的效果合并到当前场景中。

单击 添加... 按钮，弹出"添加大气效果"窗口，可以从中选择环境特效类型，如图 9-23 所示。3ds Max 2012 中提供了 4 种可选择的环境特效类型：火效果、雾、体积雾和体积光，选择后单击 确定 按钮即可。

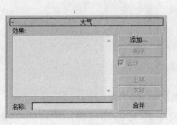

图 9-22　　　　　　　　　　　　　　　图 9-23

9.3.3　渲染特效

3ds Max 2012 的渲染特效功能允许用户快速地以交互式形式添加最终产品级的特殊效果，而不必通过渲染也能看到最终效果。

选择"渲染 > 效果"命令，弹出"环境和效果"窗口，可以为场景添加或删除特效，如图 9-24 所示。

效果列表框：用来显示场景中所使用的渲染特效。使用渲染特效的顺序很重要，渲染特效将按照它们在列表框中的先后顺序来被系统计算使用，列表框下部的效果将叠加在上部的效果之上。

名称：显示选中效果的名称，可以对默认的渲染效果名称重新命名。

图 9-24

添加...：用于增加渲染特效。

删除：用于删除选中的渲染特效。

活动：设置选中的渲染特效在场景中是否处于活动状态。当需要暂时禁止一个渲染效果时，可以取消该复选框的选择。

上移：在效果列表框中把选中的渲染特效向上移动。

下移：在效果列表框中把选中的渲染特效向下移动。

合并：用来把其他 3ds Max 2012 文件中的渲染特效合并到当前场景中，限制效果的灯光或线框也会合并到当前场景中来。

1．预览选项组

效果：当选择"全部"单选项时，所有处于活动状态的渲染效果都在预览的虚拟帧缓冲器中显示；当选择"当前"单选项时，只有效果列表框中高亮显示的渲染效果在预览的虚拟帧缓冲器中显示。

交互：选中该复选框，当调整渲染特效的参数时，虚拟缓冲器中的预览将交互地得到更新。未选中该复选框，可以使用下面的更新按钮来更新虚拟缓冲器中的预览。

显示原状态：单击此按钮，在虚拟缓冲器中显示没有添加效果的场景。

更新场景：单击此按钮，在虚拟帧缓冲器中的场景和特效都将得到更新。

更新效果：当"交互"复选框没有选中时单击此按钮，将更新虚拟缓冲器中修改后的渲染特效，而场景本身的修改不会更新。

2．渲染特效

在"环境和效果"窗口中单击 添加... 按钮，弹出"添加效果"对话框，从中可以选择渲染特效的类型，如图 9-25 所示。渲染特效的类型包括 Hair 和 Fur、镜头效果、模糊、亮度和对比度、色彩平衡、景深、文件输出、胶片颗粒和运动模糊 9 种特效类型。

图 9-25

⊙ 镜头效果可以模拟那些通过使用真实的摄像机镜头或滤镜而得到的灯光效果，包括 Glow（发光）、Ring（光环）、Ray（闪烁）、Auto Secondary（自动二次闪光）、Manual Secondary（手动二次闪光）、Star（星光）和 Streak（条纹）等，如图 9-26 所示。

图 9-26

⊙ 模糊特效通过渲染对象的幻影或摄像机运动，可以使动画看起来更加真实。可以使用 3 种不同的模糊方法：均匀型、方向型和径向型，如图 9-27 所示。

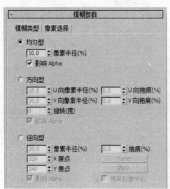

图 9-27

⊙ 亮度和对比度特效用于调节渲染图像的亮度值和对比度值，如图 9-28 所示。

图 9-28

⊙ 色彩平衡特效通过单独控制 RGB 颜色通道来设置图像颜色，如图 9-29 所示。

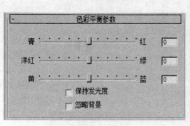

图 9-29

⊙ 景深特效用来模拟当通过镜头观看远景时的模糊效果。它通过模糊化摄像机近处或远处的对象来加深场景的深度感，如图 9-30 所示。

⊙ 文件输出渲染可以在渲染效果后期处理中的任一时刻，将渲染后的图像保存到一个文件中或输出到一个设备中。在渲染一个动画时，还可以把不同的图像通道保存到不同的文件中，如图 9-31 所示。

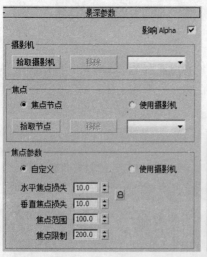

图 9-30   图 9-31

⊙ 胶片颗粒特效使渲染的图像具有胶片颗粒状的外观，如图 9-32 所示。

图 9-32

⊙　运动模糊特效会对渲染图像应用一个图像模糊运动，能够更加真实地模拟摄像机工作，如图 9-33 所示。

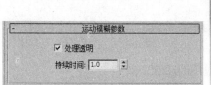

图 9-33

9.4　渲染的相关知识

渲染是制作效果图和动画的最后一道工序。创建的模型场景最终都会体现在图像文件或动画文件上。可以说，渲染是对前期建模的一个总结。掌握相关的渲染知识是非常必要的。

9.4.1　如何提高渲染速度

在建模过程中要经常用到渲染，如果渲染时间很长，则会严重影响工作效率。如何能够提高渲染速度呢？下面介绍几种比较实用的方法。

1．外部提速的方法

因为渲染是非常消耗计算机物理内存的，所以给计算机配置足够的内存是必要的。配置大容量的内存能加快渲染速度，内存越大，渲染速度越快。3ds Max 2012 的基本内存要求为 2GB，但具体还要以操作系统为准。Windows 2000 的基本内存配置为 256MB，最佳配置为 512MB，而 Windows XP 的最佳配置要在 512MB 以上，Windows 7 系统对内存要求已升级到 1GB 以上。

如果物理内存暂时不能满足渲染的需要，则可以对操作系统进行优化。优化操作系统主要是增大计算机的虚拟内存，扩大虚拟内存可以暂时解决在大的场景渲染时物理内存不足产生的影响。但虚拟内存并不是越大越好，因为它是占用硬盘空间的，长期使用还会影响硬盘的寿命。

显卡的好坏也会影响渲染速度和质量。所以，如果经常要制作较大场景的用户应该配备较为专业的显卡，硬件应该支持 Direct3D 9.1 标准和 OpenGL 1.3 标准。

2．内部提速的方法

内部提速主要是在建模过程中使用的一些技巧，从而使渲染速度加快。

⊙ 控制模型的复杂度。如果场景中的模型过多或模型过于复杂，渲染时就会很慢。原因很简单，是由于模型的面数过多造成的。在创建模型时应该控制几何体的段数，在不影响外形的前提下尽量将其减少，在进行大场景创建时这一点尤为适用。

⊙ 使用合适的材质。材质对于表现效果很重要，有时为了追求效果，会使用比较复杂的材质，这样也会使渲染速度变慢。例如，使用光线跟踪材质的模型就会比使用光线跟踪贴图的模型渲染速度慢。对于同类型的物体，可以赋予它们相同的材质，这样不会增加内存的占用。

⊙ 使用合适的阴影。阴影的使用也会影响渲染速度。使用普通阴影渲染速度明显快于使用光线跟踪阴影渲染。在投射阴影时，如果使用阴影贴图，也会提高渲染速度。

⊙ 使用合适的分辨率。在渲染前通常要设定效果图的分辨率，分辨率越高，渲染时间就会越长。如果要进行打印或还要进行较大修改的，可以设置高分辨率。

9.4.2 渲染文件的常用格式

在 3ds Max 2012 中渲染的结果可以保存为多种格式的文件，包括图像文件和动画文件。下面介绍几种比较常用的文件格式。

⊙ AVI 格式。该格式是 Windows 系统通用的动画格式。

⊙ BMP 格式。该格式是 Windows 系统标准位图格式，支持 8bit 256 色和 24bit 真彩色两种模式，但不能保存 Alpha 通道信息。

⊙ EPS 或 PS 格式。该格式是一种矢量图形格式。

⊙ JPG 格式。该格式是一种高压缩比率的真彩色图像文件格式，常用于网络传播，是一种比较常用的文件格式。

⊙ TGA、VDA、ICB 和 VST 格式。该格式是真彩色图像格式，有 16bit、24bit 和 32bit 等多种颜色级别，并带有 8bit 的 Alpha 通道图像，可以进行无损质量的文件压缩处理。

⊙ MOV 格式。该格式是苹果机 OS 平台的标准动画格式。

9.5 课堂练习——筒灯光效

【练习知识要点】通过材质、编辑网格命令及灯光渲染的使用来完成效果的制作，如图 9-34 所示。

【效果图文件所在位置】光盘/CH09/效果/筒灯光效.max。

图 9-34

9.6 课后习题——卷轴画的制作

【习题知识要点】创建卷轴画，设置材质，为场景创建灯光和摄影机，设置渲染，设置环境效果，了解一个模型由创建到出图的制作流程，如图 9-35 所示。

【效果图文件所在位置】光盘/CH09/效果/卷轴画.max。

图 9-35